黄瓜的大棚栽培

黄瓜的大棚栽培

黄瓜的大棚栽培

黄瓜采收

黄瓜采收包装

水果型黄瓜

黄瓜白粉病

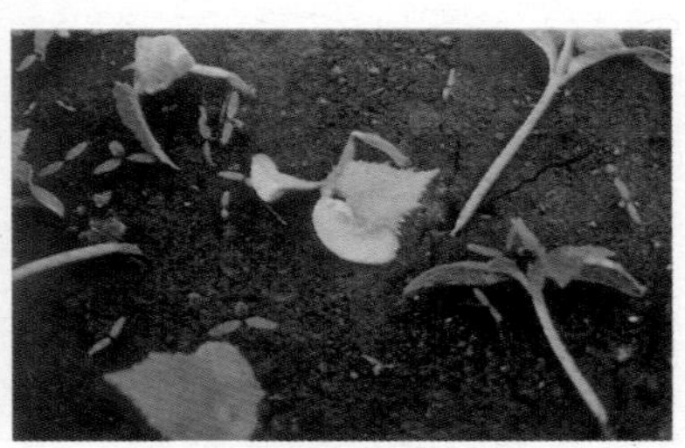
黄瓜猝倒病

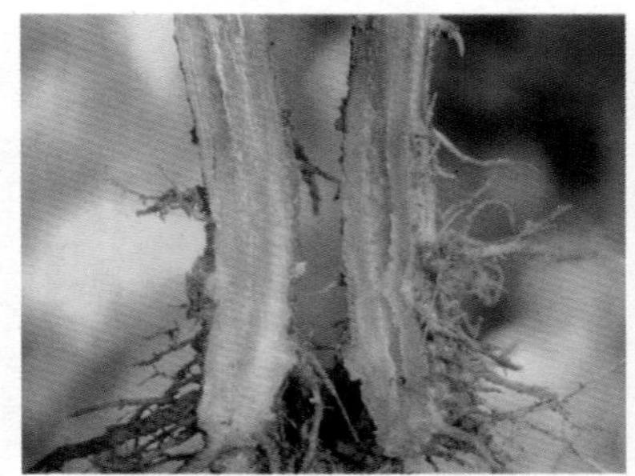
黄瓜枯萎病

黄瓜霜霉病

黄瓜细菌性角斑病

迷你西葫芦

西葫芦露地栽培

西葫芦双层膜大棚栽培

西葫芦小拱棚栽培

西葫芦的采收

西葫芦套袋包装

黄皮西葫芦

西葫芦白粉病

西葫芦病毒病

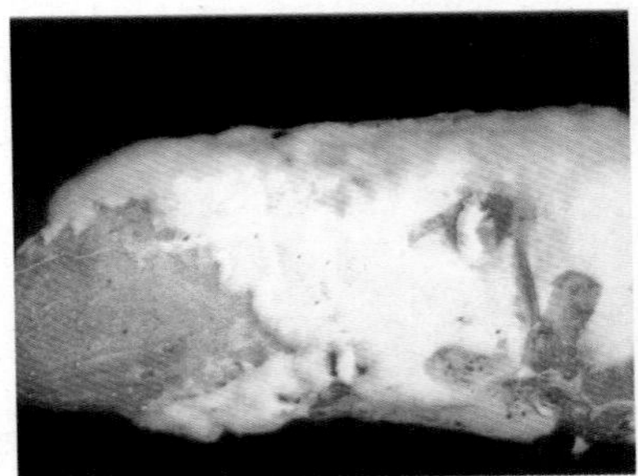
西葫芦绵腐病

西葫芦品种 – 珍玉 10 号

西葫芦品种 – 冬玉

西葫芦品种 – 京葫 36 号

绿色农产品标准化生产技术丛书◆蔬菜栽培系列

黄瓜、西葫芦标准化生产

贾芝琪　孙守如　孙利萍　章　鹏　编著

河南科学技术出版社

·郑州·

图书在版编目（CIP）数据

黄瓜、西葫芦标准化生产/贾芝琪等编著．—郑州：河南科学技术出版社，2013．9
（绿色农产品标准化生产技术丛书．蔬菜栽培系列）
ISBN 978-7-5349-5513-6

Ⅰ．①黄…　Ⅱ．①贾…　Ⅲ．①黄瓜-蔬菜园艺 ②西葫芦-蔬菜园艺　Ⅳ．①S642

中国版本图书馆 CIP 数据核字（2012）第 059112 号

出版发行：河南科学技术出版社
地址：郑州市经五路 66 号　　邮编：450002
电话：（0371）65737028　65788613
网址：www.hnstp.cn
编辑邮箱：hnstpnys@126.com
策划编辑：陈淑芹　陈　艳
责任编辑：陈　艳
责任校对：王晓红
封面设计：李　冉
版式设计：栾亚平
责任印制：张　巍
印　　刷：河南写意印刷包装有限公司
经　　销：全国新华书店
幅面尺寸：140 mm×202 mm　　印张：5.125　　字数：120 千字　　彩页：4 面
版　　次：2013 年 9 月第 1 版　　2013 年 9 月第 1 次印刷
定　　价：14.00 元

前 言

随着生活水平的提高，人们对农业生产过程中的食品安全、环境污染等问题的关注度也越来越高，对健康、安全的绿色蔬菜产品需求越来越迫切，这就要求有新的蔬菜栽培技术作为指导。作为绿色食品的一种，绿色蔬菜是指遵循可持续发展的原则，在产地生态环境良好的前提下，按照特定的质量标准体系生产，并经专门机构认定，允许使用绿色食品标志的无污染蔬菜的总称。

为普及科学标准化种植绿色蔬菜知识，提高和规范广大蔬菜生产者的种植技术，提高蔬菜产品质量和安全水平，编者参考了近几年来国内外有关绿色蔬菜栽培的技术资料和研究成果，在总结多年来从事蔬菜新品种的选育、高产规范化栽培等研究经验的基础上，组织编写了《黄瓜、西葫芦标准化生产》一书。本书对黄瓜、西葫芦绿色标准化生产过程中的重要环节进行了详细阐述，内容包括：产地环境标准要求、茬口安排和优良品种的选择、标准化育苗技术、标准化栽培管理技术、种子标准化生产、病虫害综合防治技术等，重点介绍了与绿色生产相关的标准化栽培技术和病虫害标准化防治过程中的用药规

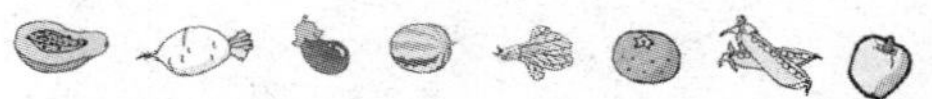

范。本书较系统全面地介绍了黄瓜和西葫芦绿色标准化生产技术，希望能为广大蔬菜生产者和科技推广工作者提供相应的技术支持和参考。

由于编写人员水平有限，书中可能存在疏漏，在此恳请广大读者批评指正，以便我们及时修订。

编　者

2013 年 5 月

目录

第一章　绪　论

一、绿色蔬菜标准化生产的概念

按照绿色食品的概念，绿色蔬菜是指遵循可持续发展的原则，在产地生态环境良好的前提下，按照特定的质量标准体系生产，并经专门机构认定，允许使用绿色食品标志的无污染的安全、优质、营养类蔬菜的总称。

绿色蔬菜分为 AA 级绿色蔬菜和 A 级绿色蔬菜两种，前者指在环境质量符合规定标准的产地，生产过程中不使用任何化学合成农药、化肥和植物生长调节剂，按特定的技术操作规程生产、加工，产品质量及包装经检测符合特定标准，并经中国绿色食品发展中心认定、许可使用 AA 级绿色食品标志的产品；后者指在环境质量符合规定标准的产地，生产中允许限量使用限定化学合成物质，其余要求与 AA 级绿色蔬菜相同，许可使用 A 级绿色食品标志的产品。

标准化生产就是为了所有关联方的利益，特别是为了促进最佳的经济发展并考虑到产品使用与安全要求，在所有关联方的协作下，进行有序的特定活动并实施各项规则的过程。

绿色蔬菜标准化生产是一项系统工程，这项工程的基础是绿色蔬菜标准体系、绿色蔬菜质量监测体系和绿色蔬菜产品评价认证体系的建设。三大体系中，标准体系是基础中的基础，只有建立健全涵盖绿色蔬菜生产的产前、产中、产后等各个环节的标准体系，绿色蔬菜生产经营才有章可循、有标可依；质量监测体系是保障，它为有效监督绿色蔬菜投入品和绿色蔬菜质量提供科学的依据；产品评价认证体系则是评价绿色蔬菜状况，监督绿色蔬菜标准化进程，促进品牌、名牌战略实施的重要基础体系。绿色蔬菜标准化工程的核心工作是标准的实施与推广，是标准化基地的建设与蔓延，由点及面，逐步推进，最终实现生产的基地化和基地的标准化。同时，这项工程的实施还必须有完善的绿色蔬菜质量监督管理体系、健全的社会化服务体系、较高的产业化组织程度和高效的市场运作机制作保障。

简单来说，绿色蔬菜标准化生产就是按照标准生产绿色蔬菜的全过程。绿色蔬菜标准化的目的是将农业科技成果和多年的生产实际相结合，制定成“文字简单、通俗易懂、逻辑严谨、便于操作”的技术标准和管理标准向农民推广，最终生产出质优、量多的绿色蔬菜供应市场，不但能使农民增收，同时还能很好地保护生态环境。其内涵就是指蔬菜生产经营活动要以市场为向导，建立健全规范化的工艺流程和衡量标准。

二、绿色蔬菜标准化生产的意义

推行绿色蔬菜标准化生产是加强蔬菜质量监管，保障消费

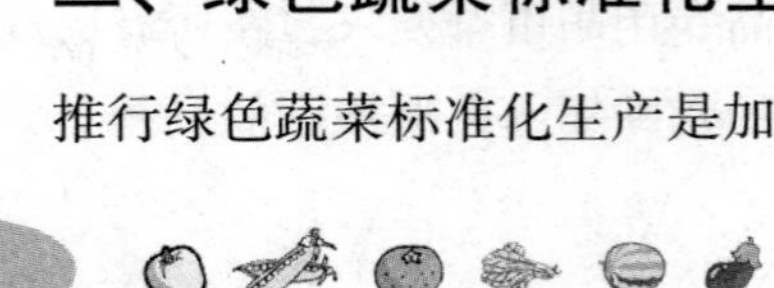

安全的重要基础性工作。随着人民生活水平的不断提高，蔬菜质量、安全问题越来越被广大消费者所关心和重视。现代农业生产中，由于化肥、农药的大量施用，蔬菜生产尤其如此，有些生产者还使用违禁农药、不合理使用化肥，导致蔬菜有害物质残留问题比较突出，不仅破坏生态环境，而且威胁消费者的安全。解决这些问题的根本措施就是通过推行绿色蔬菜标准化，不断提高农民科学合理用药、用肥的能力和自觉性，用标准规范绿色蔬菜生产、加工行为。同时，标准化生产与加工技术的推广，也为绿色蔬菜质量监管提供了标准支撑，使蔬菜质量安全监管主体明确、环节清晰、依据充分，提高了监管效能。

推行绿色蔬菜标准化生产是促进农业结构调整，增加农民收入的需要。绿色蔬菜标准化涉及农业产前、产中、产后多个环节，以食用安全和市场需求为目标制定绿色蔬菜标准，通过实施绿色蔬菜标准，综合运用新技术、新成果、普及推广新品种，在促进传统优势产业升级的同时，促进农业生产结构向优质高效品种调整，实现农业资源的合理利用和农业生产要素的优化组合，促进农民素质的整体提高，为提高农业效益奠定了基础。绿色蔬菜标准化的实施将全面改善蔬菜品质、提高蔬菜内在和外观质量，成为品牌、名牌产品的质量保证，是实现优质优价、增加农民收入的基本保障。

推行绿色蔬菜标准化生产是应对技术性贸易壁垒，增强蔬菜市场竞争力的需要。近年来，一些发达国家实施以标准为基础的国际贸易发展战略，提高农产品市场准入门槛，已成为制约我国蔬菜出口的主要障碍。我国加入世贸组织后，面对激烈

的农产品市场竞争和日益严重的技术性贸易壁垒，就必须加快推进绿色蔬菜标准化，下大力气增强我国蔬菜的国际竞争力，下大力气提高我国蔬菜贸易的技术保护水平。

推行绿色蔬菜标准化生产是农业科技成果转化为生产力的最佳桥梁。绿色蔬菜标准化是“科技兴农”的载体和基础。它通过把先进的科学技术和成熟的经验组装成农业标准，推广应用到蔬菜生产和经营活动中，把科技成果转化为现实的生产力，从而取得经济、社会和生态的最佳效益，达到高产、优质、高效的目的。它融先进的技术、经济、管理于一体，使蔬菜发展科学化、系统化。因此，实施绿色蔬菜标准化的过程就是推广农业新技术的过程，就是农民学技术、用技术的过程，是促进农业由粗放型向集约型、由数量型向数量质量并重型、由传统农业向现代农业转变的过程，是新阶段农技推广的重要手段。

三、绿色蔬菜标准化生产存在的问题

主要问题是对绿色蔬菜标准化生产认识不足，蔬菜质量标准意识淡薄，标准化知识普及不全面，实施标准化还不能成为农民的自觉行动，各地发展也不平衡，部分生产厂商和农民受商业利润驱动，违反生产标准和技术规程的现象屡禁不止，扰乱了蔬菜市场秩序，对消费者的身体健康和生命安全构成巨大威胁。在标准的制定和使用过程中，生产部门、行业协会参与不够，标准的制定与实施脱节，缺少财力、物力的支持。

对农产品绿色蔬菜标准执行的监测能力和手段不足。我国

农产品监督检测机构在提供质量检测、技术服务和保证标准实施方面与绿色蔬菜标准化发展形势和现代农业发展要求存在很大差距。这些机构仅有常规项目的检测能力，而与蔬菜安全质量密切相关的农药残留、激素残留、放射性污染、重金属污染、再生有毒物质及转基因等方面的检测能力严重不足，蔬菜生产基地和龙头企业自有检测手段建设刚刚起步，远远不能满足标准实施和产业化经营的需要。

标准示范和应用不够。我国虽然制定了不少绿色蔬菜标准，但在生产中得到应用的很少，标准的应用成为最突出的问题。发达国家蔬菜从新品种选育的区域试验和特性试验，到播种、田间管理、收获、加工、包装都有一套严格的标准，我国也制定了大量的技术规程，但在实际生产中应用很少。

标准不全、不统一、质量不高。中国绿色蔬菜标准化现处于试点和起步阶段，与国外先进的绿色蔬菜标准相比，还存在很大差距。在我国现已制定的绿色蔬菜标准中，由于制定标准的组织不规范，制定标准的时间太仓促等原因，造成标准不全、不统一、质量不高，产中技术规程多，产后标准少，与市场流通直接相关的标准太少，标准的可操作性不强等许多问题。

四、推行绿色蔬菜标准化建设的对策

对于以上问题，必须采取、实施绿色蔬菜标准创新计划，全面制定绿色蔬菜的品种标准、生产技术标准、产品质量标准与安全卫生标准，以适应蔬菜产业结构调整的要求和经济全球

一体化的需要。

完善绿色蔬菜标准、提高标准质量。首先，应根据中国目前现有的绿色蔬菜标准短缺、不统一、质量不高的实际情况，统筹规划，组织制定和完善包括国家标准、行业标准、地方标准和企业标准在内的绿色蔬菜标准体系，省部级实行分类指导，分级负责，尽快落实项目资金和制定标准的单位。其次，要适时适当修改标准。随着农业生产技术的不断提高和市场需求的多样化及人民生活水平的不断改善，旧的标准会逐渐显示出它的不适应性，对其进行修改和完善显得尤为迫切，因此可根据蔬菜生产和市场需求，每隔 5 年或者更长时间进行一次修改。

加快标准的贯彻实施。制定绿色蔬菜标准本身不是目的，其目的是为了能够在蔬菜生产中得以实施，标准只有通过实施才能发挥作用，才能转化为生产力。首先，加大宣传及示范力度。政府要多渠道、多形式地大力宣传绿色蔬菜标准化的重要意义，使全社会都来关心、支持绿色蔬菜标准化工作，特别是在农村，绿色蔬菜标准化应家喻户晓。其次，标准与法制建设相结合，大力加强绿色标准化体系建设。标准必须依靠法律的规定获得强制执行的地位，应尽快颁布相关的法律法规，以指导我国的绿色蔬菜标准工作，规范绿色蔬菜标准体系的建设和质量体系建设。最后，制定配套的产业激励政策和合理的利益驱动机制支持绿色蔬菜标准化发展，对于真正实施标准化或标准化水平较高的企业实施优惠经济政策，鼓励、支持、刺激其发展，对个体农业生产者则采取现场生产指导、定期培训、保质限量收购等方式帮助其发展，从而加快标准的贯彻实施。

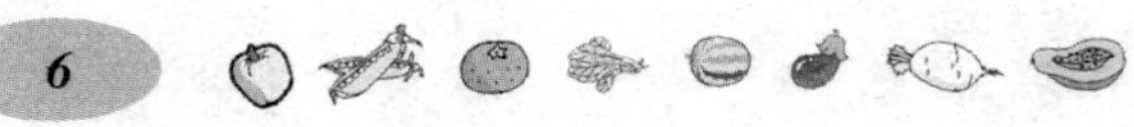

加强监督管理、建立高效动作机制。加强质量监测体系建设、提高质量监测水平是实施绿色蔬菜标准、提高产品质量、确保卫生安全的重要技术手段，是推行绿色蔬菜标准化战略、促进蔬菜现代化的技术保障措施。要尽快改变目前农产品质量检测手段落后的状况，建立和完善农业质检中心和监测机构，采用技术引进和技术创新的办法，使农产品质量检测更快捷、更准确。

建立科学合理的标准化信息咨询服务体系。质量技术监督部门作为标准化主管部门要做好标准信息的收集工作，包括国内国际技术标准、国际先进的检测方法等方面的变化情况，建立农业标准数据库，为编制绿色蔬菜标准计划提供依据。同时要牢固树立为企业服务的思想，及时与企业沟通交流，为农民和产业化企业及时提供适合国内国际市场需求的技术标准方面的信息，并传递农产品质量安全监督检查和检验情况的信息。

完善市场交易规则，实行市场准入制度标准是经济信息的载体，不同的标准导致不同的市场需求，要与开拓市场相结合，加速绿色蔬菜质量安全检测体系建设和实施绿色蔬菜质量安全认证，结合市场认真分析、消化、吸收并准确地运用。在市场经济条件下，政府通过宏观调控建立统一的蔬菜贸易市场，引导产业结构调整，促进信息传递，提高绿色蔬菜质量，树立绿色蔬菜品牌。

五、绿色黄瓜的质量标准

绿色黄瓜的感官要求标准见表 1-1，卫生指标标准见表1-2。

表 1-1 绿色黄瓜的感官要求标准

品质	规格	限度
① 同一品种，成熟适度，新鲜脆嫩，果形、果色良好，清洁 ② 无腐烂、畸形、异味、冷害、冻害、病虫害及机械伤	大：单果重≥200 克 中：单果重≥150 克 小：单果重≤150 克	每批样品中不符合品质要求的按重量计不得超过 5%，其中腐烂、异味和病虫害者不得检出，不符合该重量规格的不得超过 10%

表 1-2 绿色黄瓜卫生指标标准

单位：毫克/千克

项目	指标
砷（以 As 计）	≤0.2
汞（以 Hg 计）	≤0.01
氟	≤0.1
镉（以 Cd 计）	≤0.05
硒（以 Se 计）	≤0.1
锌（以 Zn 计）	≤20
稀土（以鲜品种计）	≤0.7
杀螟硫磷	≤0.2
倍硫磷	≤0.05
乐果	≤0.5

注：其他农药参照《农药管理条例》和有关农药残留限量标准。

六、绿色西葫芦的质量标准

绿色西葫芦感官要求标准见表 1-3，卫生标准见表 1-4。

表 1-3 绿色西葫芦感官要求标准

品质	规格	限度
① 同一品种，成熟适度，色泽正，果形正常，新鲜，果面清洁 ② 无腐烂、畸形、异味、冷害、冻害、病虫害及机械伤	同规格的样品其整齐度应≥90%	每批样品中不符合品质要求的样品，质量计总不合格率不应超过 5%

注：腐烂、异味和病虫害为主要缺陷。

表 1-4 绿色西葫芦卫生标准

单位：毫克/千克

项目	指标
砷（以 As 计）	≤0.2
汞（以 Hg 计）	≤0.01
铅（以 Pb 计）	≤0.1
镉（以 Cd 计）	≤0.05
乙酰甲胺磷	≤0.02
乐果	≤1
毒死蜱	≤0.05
抗蚜威	≤0.5
氯氰菊酯	≤0.2
溴氰菊酯	≤0.1

续表

项目	指标
氰戊菊酯	≤0.02
三唑酮	≤0.2
百菌清	≤1
多菌灵	≤0.1
亚硝酸盐（以 $NaNO_2$ 计）	≤2

注：其他农药参照《农药管理条例》和有关农药残留限量标准。

第二章　黄瓜标准化生产技术

一、黄瓜标准化生产的场地环境条件

（一）黄瓜产地环境空气质量标准

2000 年中华人民共和国农业部（以下简称农业部）颁布的《绿色食品　产地环境技术条件》（NY/T 391—2000），规定了绿色食品产地的环境空气质量、农田灌溉水质和土壤环境质量标准。绿色黄瓜产地空气标准见表 2-1。

表 2-1　黄瓜产地空气中各项污染物的浓度限值

单位：毫克/米^3（标准状态）

项目	浓度限值	
	日平均	1 小时平均
总悬浮颗粒物（TSP）	0. 3	0. 5
二氧化硫（SO_2）	0. 15	0. 15
氮氧化物（NO_x）	0. 1	20（微克/米^3）
氟化物（F）	7（微克/米^3）	1. 8 ［微克/（分米^2 天）］（挂片法）

注：1. 日平均指任何 1 日的平均浓度。

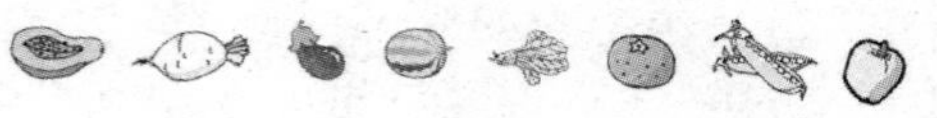

2. 1 小时平均指任何 1 小时的平均浓度。

3. 连续采样 3 天，1 日 3 次，早、中、晚各 1 次。

4. 氟化物采样可用动力采样滤膜法或用石灰滤纸挂片法，分别按各自规定的浓度限值执行，石灰滤纸挂片法挂置 7 天。

（二）黄瓜产地灌溉水质量标准

绿色黄瓜产地灌溉水质量标准见表 2-2。

表 2-2　黄瓜产地灌溉水中各项污染物的浓度限值

单位：毫克/升

项目	浓度限值
pH 值	5. 5~8. 5
总汞	0. 001
总镉	0. 005
总砷	0. 05
总铅	0. 1
六价铬	0. 1
氟化物	2. 0
粪大肠菌群	10 000（个/升）

注：灌溉菜园用的地表水需测粪大肠菌群，其他情况不测粪大肠菌群。

（三）绿色黄瓜产地土壤质量标准

绿色黄瓜产地的土壤质量标准见表 2-3。

表 2-3　绿色黄瓜产地土壤中各项污染物的浓度限值

单位：毫克/千克

项目	浓度限值		
	pH 值<6.5	pH 值 6.5~7.5	pH 值>7.5
镉	0.30	0.30	0.60
汞	0.30	0.50	1.0
砷	40	30	25
铅	250	300	350
铬	150	200	250

注：本表所列浓度限值适用于阳离子交换量>5 里摩/千克的土壤，若≤5 里摩/千克时，其浓度限值为表内数值的一半。

二、绿色黄瓜标准化生产的品种类型和茬口安排

（一）黄瓜优良品种及品种选择

1. 日光温室越冬栽培（冬春茬）黄瓜品种选择　中农 11 号，中农 13 号，津春 3 号，津绿 3 号，津优 2 号，温室黄瓜新组合 998、999，北京 101，北京 102，山农 1 号，山农 5 号，新新泰密刺和特选新泰密刺。

（1）中农 11 号。由中国农业科学院蔬菜花卉研究所育成的雌性一代杂种。其长势强，生长速度快。以主蔓结瓜为主，第 1 雌花着生节位在主蔓 3~5 节，以后每隔 3~4 叶出现 1 个雌花，回头瓜多。具有较强的耐低温性能，是日光温室专用品种。瓜条棒形，粗细均匀，色深绿，有光泽，花纹轻，白色密刺，风味好，品质佳。瓜长 30~35 厘米，横径约 3 厘米，单

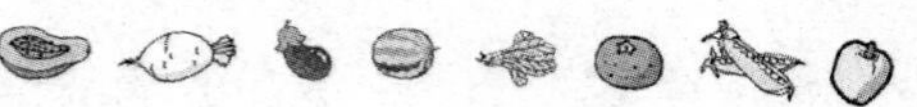

瓜重150~200克，每公顷产量75 000~120 000千克。高抗黑星病、枯萎病，抗疫病，耐霜霉病，使用于东北、华北、华东等地区日光温室栽培。

（2）中农13号。由中国农业科学院蔬菜花卉研究所育成的日光温室专用雌性三交种。1998年获国家专利。植株长势强，生长速度快。以主蔓结瓜为主，第1雌花着生节位在主蔓2~3节处，此后雌花连续，雌花率为50%~80%；侧蔓强，可同时结多条瓜。瓜条长棒形，色深绿，无花纹，瘤小，白色密刺，无棱，皮薄肉厚，质脆，味甜，商品性好。瓜条长25~30厘米，横径约3厘米，单果重100~150克，每公顷产量为90 000~105 000千克。耐低温能力强，在10~12℃的低夜温下，仍可正常生长发育，播种后62~70天可开始收获，是早熟品种。高抗黑星病，抗疫病、枯萎病、角斑病，耐霜霉病，适于北方地区日光温室栽培。

（3）津春3号。由天津市农业科学院黄瓜研究所育成的一代杂种。植株长势强，茎蔓粗壮，叶片肥大，色深绿。以主蔓结瓜为主，有侧蔓，回头瓜多，单性结实，第1雌花着生节位在主蔓3~4节，结瓜集中。瓜长棒形，粗细均匀，绿色，瘤刺中等，白刺，有棱，无花脑门，瓜把短，风味佳。瓜条长30厘米，横径约3厘米，单瓜重200~300克，每公顷产量为75 000千克。耐低温弱光，5℃短时低温对生长无大影响，播种后50天左右开始收获，是早熟品种。抗霜霉病、白粉病，适用于北方日光温室越冬栽培。

（4）津绿3号。由天津绿丰园艺新技术开发有限公司育成的日光温室专用品种。植株长势强，株型紧凑，叶色深绿。

以主蔓结瓜为主，第 1 雌花着生节位在主蔓 3～7 节，雌花率 40%，回头瓜多。瓜条顺直，颜色深绿，瘤刺多，白刺，瓜把短，品质好，商品性好。瓜条长 30～35 厘米，单瓜重 200 克，越冬栽培每公顷产量为 112 500 千克。耐低温、弱光能力强，在 11～14℃的低温和 8 000 勒克斯的弱光条件下，仍能正常生长，冬春季节栽培可获得较高的产量。

（5）津优 2 号。由天津市农业科学院黄瓜研究所育成的一代杂种。1998 年通过天津市农作物品种审定委员会审定。植株长势强，茎蔓粗壮，叶片肥大，叶色深绿。以主蔓结瓜为主，分枝弱，瓜码密，第 1 雌花着生节位在主蔓 4～5 节，节节有瓜，回头瓜多，栽培条件好时可反复多次结瓜。瓜长棒形，深绿色，有光泽，瘤刺中等，密集白刺，果肉深绿色，口感脆，无苦味，品质佳，商品性优。瓜条长 34 厘米左右，单瓜重 200 克，每公顷产量为 82 500 千克。耐低温弱光，播种后 60～70天开始采收，采收期 80～100 天。高抗霜霉病、白粉病和枯萎病，适于北方地区日光温室栽培。

（6）温室黄瓜新组合 998、999。由天津市农业科学院黄瓜研究所育成。瓜码密，雌花率在 70%以上。瓜条长 28 厘米，瘤刺明显，瓜柄短质脆味甜，风味佳，品质优。结瓜能力强，化瓜率低，畸形瓜少，便于长途运输，其产量比津优 2 号和津春 3 号提高 20%以上。耐低温、弱光能力极强，6℃的低室温仍能正常生长发育，短时的 0℃低温不会造成植株死亡；平均日照强度低于 6 000 勒克斯时，果实仍能生长，早熟，且早期产量高，越冬栽培时，春节前后的严寒季节能够获得较高的产量和效益。高抗枯萎病，抗霜霉病、白粉病和角斑病，是日光

温室越冬栽培和早春茬栽培的优良品种。

（7）北京101。由北京市蔬菜研究中心培育。植株长势强，生长速度快，叶片大，根系发达，节间短。第1雌花着生在主蔓4~5节，雌性节率高，单性结实能力强。瓜条长棒形，顺直、色绿、瓜柄短，瘤刺少而明显，质脆，清香味浓，商品性好。前期产量高，后期不早衰。中早熟，耐低温、弱光，较抗白粉病、枯萎病、角斑病和霜霉病，适合日光温室越冬茬、冬春茬栽培。

（8）北京102。由北京市蔬菜研究中心培育。植株生长健壮，节间短，分枝中等。以主蔓结瓜为主，第1雌花着生在主蔓3~4节，近全雌性，连续结瓜能力强，坐瓜率高，回头瓜多，瓜条生长速度快。瓜长棒形、色绿、瓜柄短，瘤刺小、密度适中，口感脆，品质优。耐低温弱光，较抗霜霉病和白粉病，适于日光温室冬春茬、越冬茬栽培。

（9）山农1号。由山东农业大学园艺系培育的全雌性株。以主蔓结瓜为主，第1雌花着生在主蔓第2节，此后节节有瓜，很少有雄花，瓜码密，几乎不能授粉，形成无籽黄瓜。瓜皮翠绿色、无黄条，顺直，瘤刺中等，果肉厚，脆嫩，味甜。长35厘米左右，单株产量最高可达7千克，前期每公顷产量达8 000千克，总产量达225 000千克。播种后约47天开始采收，极早熟，耐低温弱光，对白粉病和枯萎病有抗性，较耐霜霉病。适于冬春季节设施栽培和春季露地栽培。

（10）山农5号。由山东农业大学园艺系培育的极早熟品种。1999年通过山东省农作物品种审定委员会审定。植株长势强，以主蔓结瓜为主，第1雌花着生在主蔓第2节，瓜码

密。瓜条长棒形，色深绿，瘤刺小、刺密，品质较好，瓜长35厘米，每公顷产量高达150 000千克，丰产性极好。极早熟，耐低温弱光，高抗枯萎病，较抗白粉病、黑星病和霜霉病，适于“三北”地区越冬棚及早春棚栽培。

（11）新新泰密刺和特选新泰密刺。新新泰密刺在新泰密刺优良特性的基础之上，克服了不抗霜霉病的缺点。特选新泰密刺早熟，中后期回头瓜多，耐低温弱光，抗枯萎病，是日光温室越冬茬栽培的优良品种。

2. 保护地早春提前栽培黄瓜品种选择　保护地早春提前栽培品种有：中农4号、中农7号、中农12号、中农202、津杂1号、津杂4号、农大12号、碧春、津春2号、津优2号、津优10号、新泰密刺、津新密刺、大棚黄瓜新组合39、保护地黄瓜新组合507、寒育6号。

（1）中农4号。由中国农业科学院蔬菜花卉研究所育成的杂交种。1991年通过北京市和河南省农作物品种审定委员会审定。植株长势中等，叶量少，叶色深绿。以主蔓结瓜为主，分枝少，第1雌花着生节位在主蔓4～6节，此后连续开放雌花。瓜条长棒形，顺直，瓜皮深绿色，瘤刺小，淡黄色密刺，无棱，微纹，皮薄，口感好，无苦味。瓜长35厘米，横径约3.3厘米，单瓜重200克，每公顷产量为67 500千克。播种后55～58天收获，中早熟，耐疫病、枯萎病和炭疽病，轻感白粉病。适于北京市、河南省种植。

（2）中农7号。由中国农业科学院蔬菜花卉研究所育成的早熟雌性型三交种。植株长势强，生长速度快。以主蔓结瓜为主，第1雌花着生节位在主蔓2～3节处，雌花率50%～

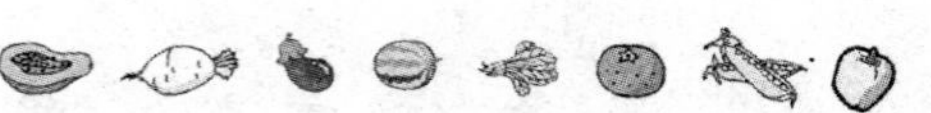

80%，瓜码密，前期结瓜集中。瓜条长棒形，深绿色，瓜柄短，有光泽，无花纹，瘤刺中密、白刺，无棱，皮薄，肉厚，心腔小，质脆、味甜、风味好，品质佳。瓜条长30~35厘米，横径约3厘米，单瓜重150~200克，每公顷产量75 000~112 500千克。播种至始收55~60天，耐低温，早熟。抗枯萎病、霜霉病、黑星病、白粉病、西葫芦黄化花叶病毒病，适于北方地区春季大棚及日光温室早春茬栽培。

（3）中农12号。由中国农业科学院蔬菜花卉研究所育成的一代杂种。植株长势强，以主蔓结瓜为主，第1雌花着生在主蔓2~4节，瓜码较密，此后每隔1~3节出现1个雌花。瓜条长棒形，色深绿均匀一致，有光泽，无花纹，瓜柄短，瘤刺中等，白刺，无棱，口感脆，有甜味，商品性极佳。瓜条长25~32厘米，前期瓜条多，产量高，每公顷产量在75 000千克以上。对霜霉病、白粉病、黑星病、枯萎病等多种病害有抗性，是早中熟品种。适于春茬日光温室、春大棚及春露地栽培。

（4）中农202。由中国农业科学院蔬菜花卉研究所育成的全雌性、丰产、极早熟设施栽培专用一代杂交种。植株生长健壮，生长速度快。以主蔓结瓜为主，第1雌花着生在主蔓2~3节，此后连续开雌花。瓜条长棒形，顺直，颜色深绿，有光泽，无条纹，瓜柄短，无棱，瘤刺小、稀密中等，质脆味甜，商品性好。瓜条长30厘米，横径约3.2厘米，单果重150~200克，丰产性好，每公顷产量为75 000~120 000千克。播种后55~60天开始收获，极早熟，且前期产量高。较耐低温，对黑星病、白粉病、细菌性角斑病、枯萎病和霜霉病有良好抗

性，适于早春设施栽培。

（5）津杂 1 号。由天津市农业科学院黄瓜研究所育成的一代杂种。植株生长健壮，叶片大小中等，色深绿。主蔓先结瓜，第 1 雌花着生在主蔓 3~4 节，有 3~5 条侧枝，中后期侧蔓第 1 节着生雌花，回头瓜多，侧蔓瓜条产量占总产量的一半。瓜条棍棒形，绿色，白刺，瘤棱较明显，黄色条纹，有光泽，脆甜，品质好。瓜条长 37 厘米，单瓜重 250 克，每公顷产量达 112 500 千克。生长期 150~210 天，早熟品种，喜短日照，耐弱光。适于越冬茬和冬春茬温室栽培以及大棚和春露地栽培。

（6）津杂 4 号。由天津市农业科学院黄瓜研究所育成的抗病能力强的黄瓜杂交一代杂种。植株长势强，叶片大而肥厚，浓绿。分枝性强，主、侧蔓均有结瓜能力。第 1 雌花着生在3~4节，下部侧枝长势强，应及早摘除。瓜长棒形，色深绿，有光泽，有棱，瘤刺较密、白刺，脆甜，品质佳，商品性好。瓜条长 33 厘米左右，瓜柄长 5 厘米，横径约 3.4 厘米，单瓜重 200 克，每公顷产量为 97 500 千克。播种到始收约 68 天，早熟，丰产，抗病能力强，抗霜霉病、白粉病、枯萎病和疫病，在疫病多发区栽培优势明显。

（7）农大 12 号。由中国农业大学园艺系育成的一代杂种。通过 1987 年甘肃省农作物品种审定委员会审定，以及 1988 年北京市农作物品种审定委员会审定。长势强，速度快，多发侧枝，叶片较大，颜色稍浅，掌状叶尖较长。主蔓结瓜早，侧蔓结瓜多，第 1 雌花着生在主蔓 5~6 节，雌花率 30%~40%，可同时结 2~3 条瓜。主蔓中部至下部均可发生侧枝，

每一侧枝 1~2 节着生 1~2 个雌花，侧蔓摘瓜后还可出现孙蔓。瓜色深绿，顺直，有棱刺，肉厚，质脆，味甜，保鲜性好。瓜长 35~40 厘米，横径 3~4 厘米，单果重 400 克，每公顷产量达 75 000~90 000 千克。比长春密刺早熟 5~10 天，较耐低温，能适应偏低夜温，对水肥条件要求较高，抗病性稍差。适于冬春茬温室栽培。

（8）碧春。由北京市农林科学院蔬菜研究中心育成的保护地黄瓜一代杂种。1991 年通过北京市农作物品种审定委员会审定。植株长势强，主、侧蔓结瓜，叶色深绿。第 1 雌花着生在 2~3 节位处，此后每隔 1~2 节着生雌花。瓜长棒形，顺直，瓜皮浓绿，柄短，瘤刺适中、白刺，瓜棱不明显，瓜肉厚，心腔小，脆甜，商品性好。瓜条长 30~35 厘米，横径约 3.5 厘米，单果重 150~250 克，每公顷产量为 75 000 千克。播种后约 60 天开始收获，整个生育期 135~140 天，早熟。对水肥条件要求较高，抗霜霉病、白粉病、枯萎病，略抗细菌性角斑病和炭疽病。适于春大棚、温室、秋棚延后等设施栽培。

（9）津春 2 号。由天津市农业科学院黄瓜研究所育成的一代杂种。1993 年通过天津市农作物品种审定委员会审定。植株长势中等，株型紧凑，叶片大小中等，深绿色，分枝少，回头瓜多。以主蔓结瓜为主，第 1 雌花着生在 3~4 节，以后每隔 1~2 节结瓜，单性结实力强，成瓜速度快。瓜条棍棒形，顺直，色深绿，白刺、较密，瓜柄短，棱瘤明显，瓜肉厚，清香味浓，商品性好。瓜条长 32 厘米，重 200~300 克，每公顷产量在 75 000 千克以上。从播种至始收 65 天，早熟，耐低温弱光能力强。抗霜霉病、白粉病能力强，适宜我国各地早春

大、中、小拱棚栽培和春、秋露地及大棚秋延后栽培。

（10）津优2号。由天津市农业科学院黄瓜研究所育成的一代杂种。植株长势强，茎粗壮，叶片大而肥厚、色深绿，分枝中等。以主蔓结瓜为主，几乎节节有雌花，瓜码密，不易化瓜，单性结实率强。瓜皮色深绿，瘤刺中等、白刺，有光泽，瓜柄短，果肉深绿色，无花脑门，脆甜，品质佳，商品性好。瓜条长棒形，长35厘米，单果重200克，每公顷产量达75 000千克。早熟，播种后60~70天开始采收，采收期80~100天。耐低温、弱光，高抗霜霉病、白粉病和枯萎病。适于北方地区早春日光温室和塑料大棚栽培。

（11）津优10号。由天津市农业科学院黄瓜研究所育成的一代杂种。植株长势强，生长速度快。前期以主蔓结瓜为主，中、后期主蔓和侧蔓均能结瓜，第1雌花着生在第4节左右，瓜条生长速度快，成瓜性好。瓜皮颜色深绿，瘤刺中等，有光泽，质脆，品质好。瓜条长35厘米，横径3~4厘米，单瓜重180克，每公顷产量达82 500千克。早熟性好，前期耐低温，后期耐高温，生殖生长和营养生长协调一致，抗霜霉病能力突出，兼抗白粉病和枯萎病，是早春塑料大棚栽培的理想品种。

（12）新泰密刺。由山东省新泰市黄瓜研究所从一串铃和大青把杂交后代中选育而成。植株长势强，节短茎粗。以主蔓结瓜为主，第1雌花着生在3~5节，瓜码密，回头瓜多。瓜条长棒形，皮色深绿，瘤刺密、白刺，瓜柄短而细，无明显棱，无黄劲，品质好。瓜条长25~35厘米，横径3~4厘米，单瓜重200~250克，每公顷产量达75 000千克。耐寒性强，

10℃低温仍可正常结瓜，耐高温、高湿、弱光。较抗枯萎病，不抗霜霉病和白粉病。适合温室、大棚保护地栽培。

（13）津新密刺。由天津市农业科学院蔬菜研究所利用新泰密刺优良株系选育而成。株型紧凑，植株长势较强，叶片大小适中，叶肉较厚，节间较短。第 1 雌花着生在 3 ~ 5 节，雌雄花同节混生，瓜码密，正身瓜和回头瓜交互生长。瓜条长棒形，密刺，细棱，皮薄质脆，外观品质佳。瓜长 30 厘米左右，每公顷产量为 75 000 千克左右。耐低温弱光，对枯萎病、霜霉病有一定抗性，与黑籽南瓜亲和能力强。适于我国北方地区温室及大棚冬春季节栽培。

（14）大棚黄瓜新组合 39。由天津市农业科学院黄瓜研究所育成。植株生长健壮，第 1 雌花着生节位在主蔓第 4 节左右，前期以主蔓结瓜为主，中后期主侧蔓均能结瓜，瓜码密，多条瓜可同时生长。瓜条长棒形，顺直，颜色深绿有光泽，瘤刺中等，质脆，味甜。瓜条长 35 厘米，横径约 3 厘米，单瓜重 180 克，每公顷产量在 82 500 千克以上。前期耐低温，后期耐高温，高抗霜霉病，抗白粉病和枯萎病。是早春塑料大棚与秋延后大棚栽培的理想品种。

（15）保护地黄瓜新组合 507。由天津市农业科学院黄瓜研究所育成。植株生长旺盛，第 1 雌花着生在主蔓 4 ~ 5 节，前期雌花率 50%以上，瓜码密，瓜条膨大速度快。早熟性好，品质佳，产量高，耐弱光，高抗枯萎病，抗霜霉病。适合日光温室和早春大棚栽培。

（16）寒育 6 号。由河南农业大学豫艺种业新育成的密刺型温室及春大棚专用品种，植株长势强，连续结瓜性好。抗霜

霉病、白粉病、枯萎病能力较强。瓜条顺直，瓜把短，刺密、无棱、瘤刺小，不化瓜，畸形瓜率低，口感脆嫩清甜，商品性佳。丰产性能突出，高产可达15 000千克/亩。生长期长，不易早衰，耐低温、弱光能力强，低温时不"歇秧"。2009～2010年通许、商丘、中牟等地越冬温室种植，表现出了抗病能力强、低温条件下仍正常结瓜、瓜条商品性好、产量较其他品种高30%等突出优势，深受菜农欢迎。

3. 保护地秋延后栽培品种选择　保护地秋延后栽培品种有：中农8号、中农11号、京旭2号、农大秋棚1号、津杂3号、津春2号、津春4号、大棚黄瓜新组合39、津优40号。

（1）中农8号。由中国农业科学院蔬菜花卉研究所育成的中熟一代杂种。植株生长健壮，生长速度快，株高2米以上。主、侧蔓均可结瓜，第1雌花着生在主蔓第4～6节，以后每隔3～5节出现1个雌花，分枝较多。瓜长棒形，顺直，深绿色，有光泽，无条纹，瘤刺小、密生白刺，瓜柄短，无棱，肉厚，口感脆甜、清香，具有很好的品质和商品性。瓜条长35～40厘米，横径约3厘米，单瓜重120～150克，每公顷产量在75 000千克以上。分枝较多，不宜密植，及时封顶，促发侧枝。中熟，抗霜霉病、白粉病、枯萎病，适于我国各地春露地和秋延后栽培。

（2）中农11号。参见日光温室越冬栽培（冬春茬）黄瓜品种选择。

（3）京旭2号。由北京市蔬菜研究中心育成的抗病一代杂种。分枝多，茎叶粗大，叶色浓绿，主、侧蔓结瓜，坐果率高，品质好。瓜条长35～40厘米，横径3～4厘米，每公顷产

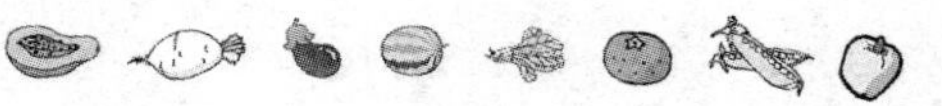

量为60 000～75 000千克。高抗霜霉病、白粉病、病毒病。适于北京地区露地及秋延后栽培。

（4）农大秋棚1号。由中国农业大学园艺系育成的一代杂交种。1991年通过北京市农作物品种审定委员会审定。植株长势强，分生侧蔓数量适中，株高2米以上，节间7～8厘米。第1雌花着生在主蔓5～8节，每隔4片叶着生1个雌花，结瓜力强，多条瓜可同时生长。瓜条长棒形，皮深绿，无条纹，有光泽，瘤刺中等，果肉脆嫩，风味香甜，保鲜性能强。瓜长30～35厘米，横径约3厘米，单瓜重300～400克，每公顷产量为37 500～52 500千克。播种后75天左右开始采收，结瓜期50～60天。较耐涝，较抗枯萎病，抗霜霉病、白粉病、炭疽病。适于塑料大棚和日光温室秋延后栽培。

（5）津杂3号。由天津市农业科学院黄瓜研究所育成的黄瓜抗病、丰产、中晚熟一代杂种。1993年通过天津市农作物品种审定委员会审定。长势强，叶色深绿，大而肥厚，侧蔓较多。主、侧蔓结瓜，第1雌花着生在3～4节，坐瓜多，瓜码密。瓜长棒形，深绿有光泽，瘤刺明显、白刺，略有棱，有黄色条纹，心腔小，质脆，味甜。瓜长31厘米，横径约4.5厘米，单瓜重200克左右，每公顷产量在97 500千克以上。春季播种后69天开始采收，秋季播种后42天开始采收，为中晚熟品种。抗病性强，以京研2号做对照，霜霉病和白粉病的病情指数分别降低了10.3%和21.8%；以长春密刺做对照，枯萎病和疫病的发病率分别降低了66.2%和43.3%。适于全国春、秋季节露地栽培。

（6）津春2号。参见保护地早春提前栽培黄瓜品种选择。

（7）津春 4 号。由天津市农业科学院黄瓜研究所育成的黄瓜一代杂种。1993 年通过天津市农作物品种审定委员会审定。生长健壮，叶色深绿，主蔓长 2 米以上，分枝多。主、侧蔓结瓜，第 1 雌花着生在 3~4 节。瓜色深绿有光泽，瘤刺明显、白刺，心腔小，瓜柄短，质脆，味清香，品质优。瓜长 30~35 厘米，单瓜重约 200 克，每公顷产量达 75 000 千克。较早熟，抗病能力强，抗霜霉病、白粉病和病毒病。

（8）大棚黄瓜新组合 39。参见保护地早春提前栽培黄瓜品种选择。

（9）津优 40 号。由天津市科润黄瓜研究所育成的杂交一代种。植株生长健壮，叶片大而肥厚。以主蔓结瓜为主，成瓜性好，膨瓜速度快，畸形瓜率低。瓜条长棒形，顺直，外观品质极好，表皮深绿而有光泽，瘤刺中等，果肉绿色，风味好。瓜长 33 厘米，横径约 3 厘米，单瓜重 180 克，春露地栽培，每公顷产量为 80 000 千克左右。耐高温性能好，在 32~35℃条件下仍能正常生长。抗霜霉病、白粉病、枯萎病和病毒病，适于春、夏、秋露地栽培。

4. 春季露地、地膜覆盖、小拱棚覆盖的早熟栽培黄瓜品种选择　中农 4 号、中农 6 号、中农 8 号、津杂 3 号、津春 4 号、津春 5 号、津优 4 号、津优 11 号、津绿 4 号、春丰、吉杂 3 号、吉杂 4 号、春香黄瓜、豫艺新优、豫艺龙祥。

（1）中农 4 号。参见保护地早春提前栽培黄瓜品种选择。

（2）中农 6 号。由中国农业科学院蔬菜花卉研究所育成的一代杂种。生长健壮，主、侧蔓均可结瓜，第 1 雌花着生在主蔓 3~6 节，以后每隔 3~5 叶节着生 1 雌花。瓜色深绿，白

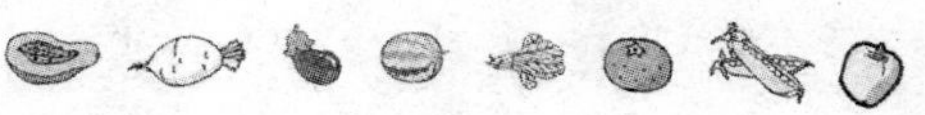

色密刺，柄短。瓜条长 30~35 厘米，横径约 3 厘米，单果重 100~150 克，每公顷产量达 67 500~75 000 千克。早中熟，抗霜霉病、白粉病和病毒病，适于华北地区春季露地栽培。

（3）中农 8 号。参见保护地秋延后栽培黄瓜品种选择。

（4）津杂 3 号。参见保护地秋延后栽培黄瓜品种选择。

（5）津春 4 号。参见保护地秋延后栽培黄瓜品种选择。

（6）津春 5 号。由天津市农业科学院黄瓜研究所育成的一代杂种。主、侧蔓同时结瓜，春露地栽培时，第 1 雌花着生在第 5 叶节处；秋季栽培时，第 1 雌花着生在第 7 叶节处。瓜色深绿有光泽，顺直，瘤刺适中，肉厚，脆嫩，清香，商品性好。瓜条长 33 厘米，横径约 3 厘米，每公顷产量为 60 000~75 000千克。抗病优势明显，兼抗霜霉病、白粉病和枯萎病。适于早春设施栽培，春、夏、秋露地栽培及秋延后栽培。

（7）津优 4 号。由天津市农业科学院黄瓜研究所培育的丰产品种。株型紧凑，适于密植，茎蔓粗壮。以主蔓结瓜为主，回头瓜多。瓜条棒形，顺直，深绿色，瘤刺明显、白刺，有光泽。瓜长 35 厘米，单瓜重 200~250 克，每公顷产量达 82 500千克。丰产性好，比津春 4 号总产量增加 10%，且可春延长收获期，秋提早播种期，经济效益较高。高抗霜霉病、白粉病和枯萎病，是露地栽培的优良品种。

（8）津优 11 号。由天津市农业科学院黄瓜研究所培育。植株茎蔓粗壮，以主蔓结瓜为主，第 1 雌花着生在第 4 节，雌花率 40% 左右。瓜条无瘤、刺少，便于清洗，果肉淡绿色，风味好。瓜条长 30 厘米，单瓜重 150 克，每公顷产量在75 000 千克以上。果实保鲜性好，非常适合包装，是鲜食的优良品

种。高抗枯萎、霜霉病和白粉病，适于北方地区春秋季节栽培。

（9）津绿4号。由天津市农业科学院黄瓜研究所培育的耐热、高产、抗病品种。株型紧凑，适宜密植，叶片大小适中，色深绿。以主蔓结瓜为主，雌花率40%，回头瓜多。瓜长棒形，顺直，有光泽，白刺、明显瘤刺，质脆，味甜，品质佳。瓜条长35厘米，单瓜重250克，每公顷产量为82 500千克左右。丰产性好，早期产量和总产量分别比津春4号高出10%~15%和10%。对枯萎病、霜霉病和白粉病有一定抗性，耐热性好，是露地栽培的理想品种。

（10）春丰。由沈阳市农业科学院育成的一代杂种。1998年通过辽宁省农作物品种审定委员会审定。每株结瓜8~10条，早熟，播种后58天开始采收，每公顷产量为37 500千克。较抗霜霉病和枯萎病，适于辽宁省部分地区春季栽培。

（11）吉杂3号。由吉林省蔬菜研究所育成的中晚熟一代杂种。植株生长健壮，主蔓长2.5厘米，分枝适中。以主蔓结瓜为主，瓜色浅绿，刺少，光滑。瓜条圆筒形，长30厘米，横径5厘米，每公顷产量为67 500千克。播种后70~75天，高抗霜霉病，适于吉林省种植。

（12）吉杂4号。由吉林省蔬菜花卉研究所育成的露地栽培早熟旱黄瓜一代杂种。植株长势强，茎粗叶大，鲜绿色，株高3米以上，分枝适中。以主蔓结瓜为主，第1雌花着生在4~5节，成瓜率高，无畸形瓜，瓜码密，多条瓜可同时生长，收获期集中。瓜条棒形，果顶圆形，表皮光滑，淡绿色，粗细均匀一致，心腔小，果肉厚，淡绿色，清香，质脆，品质佳。

瓜长 25 厘米左右，横径 4~5 厘米，单瓜重 250~350 克，每公顷产量为 35 000~40 000 千克。抗枯萎病、炭疽病、角斑病等多种病害。

（13）春香黄瓜。由北京市农林科学院蔬菜研究中心育成的保护地、早熟一代杂种。植株生长旺盛，分枝能力中等，叶片大小适中。以主蔓结瓜为主，第 1 雌花着生在主蔓第 2~3 节位处，以后几乎节节有雌花。瓜皮色深绿，瘤刺大、白色大刺，心腔小，果肉厚，瓜柄短，清脆，香甜，品质优。瓜条长 30 厘米，横径约 3. 5 厘米，单瓜200~250克，每公顷产量达 60 000千克以上。播种后 65 天左右开始采收，早熟。耐低温弱光，对霜霉病、白粉病和枯萎病有一定抗性。适于“三北”地区春秋茬保护地和露地栽培。

（14）豫艺新优。由河南农业大学豫艺种业培育的春小拱棚、春露地早熟专用品种。植株长势强，以主蔓结瓜为主，侧蔓也可结瓜，膨瓜速度快。瓜条长棒状，顺直，皮色深绿，有光泽，瓜柄短，商品性好，品质佳。单瓜重 200 克左右，每公顷产量为 80 000 千克，丰产性好。

（15）豫艺龙祥。由河南农业大学豫艺种业培育的早春小拱棚、春秋露地、秋大棚专用品种。瓜把短，瓜条直且长，瓜肉浅绿色，商品性好，抗霜霉病、白粉病、枯萎病能力强，每公顷产量高达 105 000 千克。2005~2010 年小拱棚、地膜、秋大棚栽培均表现出了很好的综合性状。

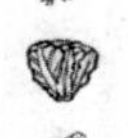

5. 露地夏秋栽培黄瓜品种选择 中农 1101、京旭 2 号、露地 2 号、豫黄瓜 1 号、鲁黄瓜 2 号、津优 4 号、津绿 4 号、绿如意。

（1）中农1101。由中国农业科学院蔬菜花卉研究所培育的中晚熟、耐寒、耐热品种。主、侧蔓均可结瓜，以主蔓结瓜为主，第1雌花着生于主蔓第5~8节，以后节节开放雌花。瓜长棒形，顺直，皮色深绿，无棱，瘤刺适中，风味佳，商品性好。瓜长35~45厘米，横径3.5~4厘米，单瓜重150~200克，春季每公顷产量为75 000千克，秋季每公顷产量为37 500千克。既耐热又耐寒，抗霜霉病和白粉病，耐疫病，适于露地和秋棚延后栽培。

（2）京旭2号。参见保护地秋延后栽培黄瓜品种选择。

（3）露地2号。由辽宁省农业科学院园艺所育成的高产、抗病一代杂种。1988年通过辽宁省农作物品种审定委员会审定。植株长势强，主蔓长2米左右，具有3~4个分枝。以主蔓结瓜为主，第1雌花着生于5~6节。瓜长棒形，顺直，色绿，果肉厚，有瘤刺、白刺，质脆，味甜，品质好。长约40厘米，横径3.5~4厘米，单瓜重125~150克，每公顷产量为70 000千克左右。播种后60~65天开始采收，耐热性强，抗病。抗霜霉病、枯萎病等常见病害，适于“三北”、西南、华中和华东等地区种植。

（4）豫黄瓜1号。由河南省郑州市蔬菜研究所育成的品种。1991年通过河南省农作物品种审定委员会审定。植株生长健壮，株高2米左右。以主蔓结瓜为主，第1雌花着生节位4~5节。瓜皮薄、绿色、白刺、瘤刺稀，果肉无苦味。瓜长40~45厘米，横径约3厘米，单瓜重250~300克，每公顷产量为75 000千克左右。中早熟品种，开花后10天左右即可采收，整个生育期110天。抗热、耐湿性强，抗枯萎病、白粉

病，较抗霜霉病。适于河南省春、夏、秋季栽培。

（5）鲁黄瓜 2 号。由山东省农业科学院蔬菜研究所育成的品种。1991 年通过山东省农作物品种审定委员会审定。植株长势旺盛，分枝性强。以主蔓结瓜为主，第 1 雌花着生于主蔓 4~6 节。瓜绿而有光泽，白刺、瘤刺适中，品质佳。瓜长棒状，长约 35 厘米，单瓜重 150 克左右，每公顷产量达 28 500~37 500 千克。抗病性强，耐湿、耐高温。适于山东省种植。

（6）津优 4 号。参见春季露地、地膜覆盖、小拱棚覆盖的早熟栽培黄瓜品种选择。

（7）津绿 4 号。参见春季露地、地膜覆盖、小拱棚覆盖的早熟栽培黄瓜品种选择。

（8）绿如意。由河南农业大学豫艺种业培育的高档耐热、抗病露地新品种。瓜绿而有光泽，刺密，果肉浅绿色，质脆清香。瓜条长 35 厘米左右，瓜把短，丰产性极好。植株极耐热，高抗霜霉病、白粉病、枯萎病，连续多年在山东、河南、河北、广东、广西、福建、海南等地露地栽培均表现出了耐热、抗病性强的卓越优势。

（二）茬口安排

1. 日光温室栽培黄瓜的茬口安排（表 2-4）

表 2-4　日光温室栽培黄瓜的茬口安排

栽培区域	栽培茬口	育苗期	定植期	采收期
东北、西北地区	秋冬茬	6月中旬	7月下旬	8月下旬至12月中旬
	早春茬	11月中旬	1月中旬	2月下旬至翌年6月中旬
华北地区	冬春茬	9月中下旬	10月上中旬	11月下旬至翌年6月上旬
	秋冬茬	6月下旬	7月下旬	8月下旬至翌年2月下旬
华北、东北南部地区	越冬茬	8月上旬	9月中下旬	10月下旬至翌年5月下旬
	早春茬	11月上中旬	1月上中旬	2月中旬至翌年6月上旬
华东、华中地区	越冬茬	9月上中旬	10月中下旬	11月中旬至翌年6月中旬
	冬春茬	8月下旬	9月下旬	10月下旬至翌年4月下旬

2. 塑料大棚栽培黄瓜的茬口安排（表 2-5）

表 2-5　塑料大棚栽培黄瓜的茬口安排

栽培区域	栽培茬口	育苗期	定植期	采收期
东北、西北地区	春提早	2月中下旬	4月上中旬	5月上旬至8月上旬
	越夏连秋	2月中下旬	4月上中旬	5月上旬至11月上旬
	秋延后	6月上旬	7月中下旬	8月下旬至11月上旬
华北地区	春提早	1月下旬	3月中旬	4月上旬至7月上旬
	越夏连秋	1月中下旬	3月中旬	4月上旬至12月上旬
	秋延后	7月下旬	8月上中旬	9月上旬至12月上旬
华东、华中地区	春提早	12月上旬	2月上旬	3月上旬至6月中旬
	越夏连秋	12月上旬	2月上旬	3月上旬至12月中旬
	秋延后	7月上旬	8月下旬	9月下旬至12月下旬

3. 露地栽培黄瓜的茬口安排　黄瓜连作时易发生严重的病虫害和土地盐渍化，茬口安排时应尽量与非瓜类蔬菜轮作（表 2-6），如菜豆、葱蒜类、绿叶菜类等。露地栽培黄瓜要选择在无霜期内进行。其中春季露地栽培是黄瓜栽培的主要茬次

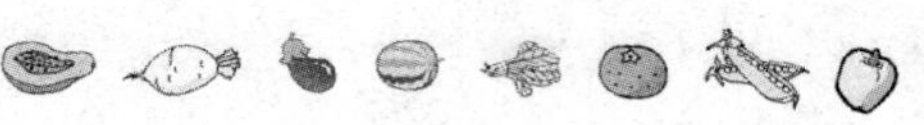

之一，其前期温度低，特别是低地温对黄瓜幼苗根系的发育影响较大，要注意提高地温管理。

表 2-6　露地栽培黄瓜的茬口安排

栽培区域	栽培茬口	育苗期	定植期	采收期
东北、西北地区	春茬	4 月上旬至 4 月中旬	5 月中下旬	6 月中下旬至 9 月下旬
	夏茬	5 月中旬	6 月下旬	7 月下旬至 9 月下旬
华北地区	春茬	2 月下旬至 3 月上旬	4 月中下旬	5 月中下旬至 8 月中旬
	夏茬	4 月下旬至 5 月下旬	5 月下旬	6 月下旬至 7 月上旬
华东、华中地区	春茬	2 月上旬至 2 月下旬	3 月中下旬	4 月中下旬至 7 月下旬
	夏茬	4 月上中旬	5 月上中旬	6 月下旬至 7 月下旬
中南、西南地区	春茬	12 月至翌年 1 月	2 月上中旬	3 月上旬至 7 月中下旬
	夏茬	1~2 月	3 月上中旬	4 月下旬至 7 月下旬
	秋茬	5 月中旬至 6 月下旬	6 月上中旬	7 月下旬至 10 月下旬
华南地区	春茬	9~10 月	11 月下旬	12 月中旬至 3 月下旬
	夏茬	3~4 月	5 月中下旬	6 月上旬至 8 月下旬
	秋茬	5~6 月	7~8 月	7 月下旬至 11 月下旬
	冬茬	8 月上旬	9 月中旬	10 月下旬至 12 月下旬

三、绿色黄瓜标准化生产的育苗技术

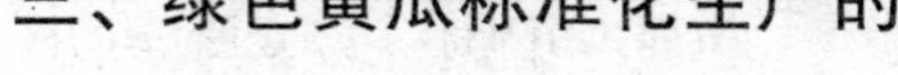

（一）床土配制及消毒

1. 床土的配制　床土也叫培养土，它是黄瓜秧苗吸收水分、养分以及氧气的“库源”。优质的床土是培育壮苗的基础，要求土质疏松、肥沃、保温、通气性好。

有机肥料对床土理化性质的改良起重要作用，是配制床土

的主要原料之一。大量有机肥可以使菜田土中的有机质含量由原来的2%~3%增加到10%以上，从而改良土壤物理性质，提高土壤肥力。常用的有机肥料有腐熟马粪、鸡粪、厩肥、草炭等。

床土一般是由田园土和腐熟厩肥混配而成的，其比例在6:4至4:6。田园土要选择非瓜类蔬菜田土，最好是用种植葱蒜类或者禾谷类作物的园土，提前挖出，晒干打碎，过细筛。有机肥要在前一年夏天开始准备，将新鲜厩肥、鸡粪、马粪等拌大粪水后进行堆沤，堆沤温度超过70℃，可杀死潜藏的病虫。

配制床土时还可加入少量氮肥，每平方米不超过40克尿素，以免施肥过多造成“烧苗”。磷肥可促进黄瓜根系发育和花芽分化，速效磷含量高于200毫克/千克时可培育壮苗。

2. 床土的消毒　黄瓜苗期易患猝倒病、立枯病、菌核病等多种病害，床土消毒可防止病害的发生。床土消毒的方法有物理消毒法、化学消毒法和太阳能消毒法。

（1）物理消毒法。最常用的物理消毒法是高温蒸汽法，即直接将锅炉产生的蒸汽输送到床土中去，但这种方法容易使土壤中的微生物失去平衡，增加土壤中可溶性锰、铝含量，不利于黄瓜根系的生长和对营养的吸收。因此，我们用改良的混合空气蒸汽消毒法，在60℃的蒸汽中混入1:7的空气后，喷入床土中，消毒30分钟即可。这种方法可杀死土壤中的有害病菌，保留一定量的消化细菌和拮抗菌等有益微生物，对黄瓜的生长发育无不利影响，同时不会造成环境污染和农药残留，可以满足绿色黄瓜生产的要求。

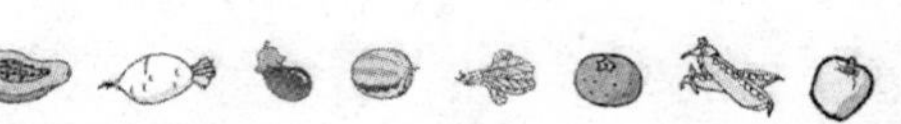

（2）化学消毒法。

①杀毒矾或甲霜灵可湿性粉剂和代森锰锌可湿性粉剂消毒：每平方米苗床施用64%杀毒矾或25%甲霜灵可湿性粉剂9克,70%代森锰锌可湿性粉剂1克与细土4~5千克拌匀。施药前先把苗床底水一次浇透，一般15~20厘米深，水渗下后，把1/3充分拌匀的药土撒在畦面上，播种后再把其余2/3药土覆盖在种子上面，即上覆下垫。将种子夹在药土中间，防效明显。

②福尔马林消毒：在播种前2~3周，用喷雾器将浓度为100倍的福尔马林溶液均匀喷洒在床土上，充分搅拌，并覆盖塑料薄膜，2~3天后揭开薄膜，摊开床土，晾晒1~2周才能使用。

③多菌灵消毒：浓度为50%的多菌灵500倍液，使用方法同上。

④硫黄粉熏蒸：硫黄粉和锯末各半，均匀撒在密闭温室内几处，点燃生雾熏蒸温室，一昼夜即可。

化学药剂消毒虽然简单、快速、低廉，但残留药剂对黄瓜生长有抑制作用，同时会杀死土壤中有益微生物，污染环境。

（3）太阳能消毒法。

①棚室土壤消毒：7~8月，当气温达35℃以上时，覆盖塑料薄膜，密闭棚室，土壤温度可升至50~60℃，甚至更高，高温处理约1个月后揭棚放风，可有效消灭土壤中潜藏的病原菌和虫卵，减轻下茬黄瓜土传病虫害的发生。

②露地土壤消毒：播种前，把地翻平整好，用透明吸热薄膜覆盖好，晴天土壤温度可升至50~60℃，密闭15~20天，

可杀死土壤中的多种病原。或在高温天气，深翻土壤，让土壤中的病原菌和虫卵暴露在强光下，也可起到一定的消毒杀菌作用。

（二）种子选择与处理技术

1. 种子的质量选择　种子质量的好坏是决定育苗质量及生产效益的关键。首先要选择适合本地区本季节栽培的品种，其次种子的外观质量要符合标准（粒大、饱满、颜色均匀），最后仔细阅读说明书，看清发芽率（不低于90%）、生产日期和保质期。

2. 种子的处理技术　黄瓜种子往往也携带有病原物，是病害传播的途径之一。因此为了杀灭种子上携带的病原物，减轻病害的发生，在播种期要用化学药剂对种子进行处理。常用的消毒方法有：

（1）药剂拌种。将未发芽的干燥种子和种子质量为0.2%~0.3%的多菌灵拌匀，拌种后可立即播种。

（2）药液浸种。先将黄瓜种子用清水浸泡2~3小时，用药液浸泡，浸泡时要掌握浸种时间和药液浓度（表2-7），然后再用清水反复冲洗种子。

表2-7　浸种消毒常用药剂使用表

药剂	使用浓度	浸种时间（分钟）	预防病害
福尔马林	100倍	15~20	真菌性病害
硫酸铜	1%	5	细菌性病害
磷酸三钠/氢氧化钠	10%	15~30	
高锰酸钾	1%	10	病毒病

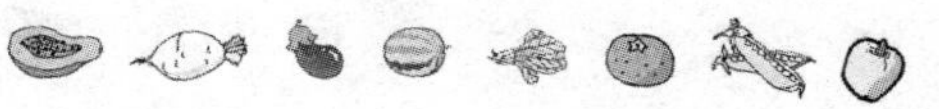

续表

药剂	使用浓度	浸种时间（分钟）	预防病害
50%多菌灵	1 000 倍	20	
次氯酸钙	300	30～60	细菌性病害
72%普力克水剂	800	30	疫病
25%甲霜灵可湿性粉剂	800	30	疫病

（3）干热处理。干种子在 70℃环境下处理 3 天，并不影响发芽率。有防治黄瓜细菌性角斑病和黑星病的效果。

（三）浸种催芽和播种技术

1. 浸种 种子发芽需要大量水分，在播种前浸种可使种子在短期内吸水膨胀，达到萌发所需的基本水分，并使氧气容易通过种皮，以助于种子内部营养物质的转换。浸种常用以下三种水温：

（1）温水浸种。水温 20～30℃，黄瓜种皮薄、吸水快、易发芽，常用这种方法，浸泡时间以种子充分膨胀为宜，但此方法没有消毒杀菌作用。

（2）温汤浸种。汤温 50～55℃，浸种时要不断搅拌，并保持汤温恒定。浸种 10～15 分钟后，用温汤继续浸种 6～10 小时，每隔 6 小时换一次汤。这种方法可消灭一般病菌。

（3）热水浸种。水温 70～85℃，可更好地杀菌。浸种时要不断来回倾倒，直至温度降到 55℃时，用温汤浸种法处理，之后再用温水浸种 6～8 小时。

浸种过程中，要将漂浮在水面和悬浮在水中的干瘪和不饱满种子挑出，以提高种子发芽率。

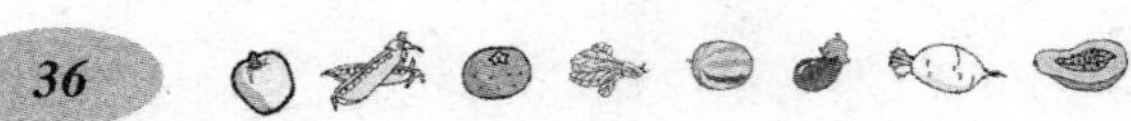

2. 催芽　种子浸泡后用清水洗净，并把种子表面多余的水晾干或甩干，用布包好。黄瓜是喜温作物，催芽温度以25~28℃为宜，湿度应保持在80%~90%。催芽时要经常翻动种子，使种子受热均匀。因催芽温度高，种子易失水变干，在催芽过程中每天要淋水或用清水投洗，保持湿度。一般24小时后种子开始露白，这时可适当将温度降低到22~26℃，两天后即可出齐。若催芽后遇到阴雨天气不能播种，可将种子保存在10℃，抑制幼芽的生长，待天气好转再播，这种方法叫“蹲芽”。

3. 播种　首先，根据育苗设施条件和黄瓜达到一定苗龄时所需的积温来确定适宜的播种期。如果日平均温度保持在20℃左右，则黄瓜育苗期仅需50~55天。如果在不加温条件下育苗，育苗期要适当延长5~10天。要特别注意的是，设施内春季栽培黄瓜，苗龄要大一些（6~7片真叶）。而夏秋季露地栽培时，苗龄要小一些（3~4片真叶），不能过分强调“长龄大苗”。其次，播种量要适当，过多或过少都会造成不必要的损失。播种量要根据种植密度、种子成苗率和生产面积来决定。一般情况下，每亩地的用种量为150克左右，若成苗率不高或育苗条件不好，可增加到170~180克。也可保证每10平方厘米有3~4粒有芽种子。

播种容器可以选择8~10厘米的营养钵或者72孔穴盘。装入消毒后的床土，压实，浇足底水，水层渗透后即可开始播种。播种时采用撒播或者条播，播种要均匀，种子要播平，避免种子“戴帽出土”。播完后均匀覆上过筛细土，厚度为1~1.5厘米。最后在床土上覆盖地膜，保温保湿，注意夏季温度

过高时要揭开地膜，通风降温。

（四）苗期管理技术

1. 苗期管理 幼苗出土前要做好保温管理，这一时期气温应保持在25~30℃。从出苗到第1片真叶展开之前，根系和子叶生长的营养主要来自于种子。此时，种子内营养即将耗尽，而子叶制造的养分很少，如果管理不当最易徒长。因此出苗后，要立即揭去地膜，将温度降低为白天20~22℃，夜间12~16℃，抑制胚根生长，促进子叶肥厚。

在种子开始“拉弓”时和幼苗出齐时，要覆土2次，防止“戴帽出土”，并调节水分。覆土要选择晴天中午进行，土质要干细，厚度为2毫米。覆土时，叶面要无露水，避免土壤附着在叶面上，影响光合作用。

幼苗出土后就要注意通风和光照管理。上午气温达到25℃时揭棚放风，下午气温降至18℃时停止放风，以调节棚内气体成分及温湿度。黄瓜是喜光作物，每天需要8~10小时的光照时间。特别是阴雨天气或者保护地低温季节育苗，要经常保持透明覆盖物的清洁，早揭晚盖草帘，使用反光幕充分利用反射光。若阴雨天气持久，最好采用人工补光。

一般情况下，秧苗长到2叶1心时就可以开始分苗，移植分苗可以增大秧苗的营养面积，促发侧根，提高质量。若播种密度较大，应适当提早分苗，掌握“宜早、宜小”的原则。分苗时要注意保护根系，可以在育苗时采取使用穴盘、营养钵等护根措施。在分苗前一天浇水，便于起苗，少伤根。此外，移植次数不能过多，否则易伤害秧苗根系，抑制秧苗生长发育。

分苗后应适当降低夜温，10~15℃有利于秧苗的发育，同时注意保墒蓄水，掌握不旱不浇、禁灌大水的原则，充分协调地上部和地下部，营养生长和生殖生长之间的关系，培育壮苗。若幼苗叶色变淡、出现缺肥症状，可用2%的尿素和磷酸二氢钾溶液喷施叶片。

秧苗定植前7~10天，进行降温控水锻炼。逐渐加大通风量，夜间撤去覆盖物，增大昼夜温差，提高秧苗的适应性和抗逆性。为防止病虫害的发生，还可以在定植前对幼苗喷施百菌清或苦参素等杀虫剂。

2. 黄瓜壮苗标准 幼苗节间短，茎粗壮，刺毛较硬，茎横径为0.6~0.8厘米，株高10厘米以内；叶片平展、肥厚，颜色深绿，达3叶1心或4叶1心；子叶完好、肥胖、具光泽；根系发达、白色；无病虫害，生活力强；一般苗龄30~40天；定植后，具有缓苗和发根快、抗寒性强、雌花多且节位低、早熟和丰产等特点。

（五）嫁接育苗技术

嫁接具有克服连作障碍，提高黄瓜的抗逆性和抗病性的作用。

1. 砧木的选择 优良的砧木是嫁接成功的基础。砧木选择要遵循以下几个原则：嫁接亲和性好；具有良好的抗病能力；对黄瓜品质基本无不良影响；对不良环境的适应能力强。

目前黄瓜生产上常用的砧木是黑籽南瓜，其嫁接成活率达到90%以上，可有效抵抗黄瓜的枯萎病、疫病和炭疽病等。

2. 嫁接苗的准备

（1）接穗准备。按前述方法把黄瓜种子浸种催芽后开始播种，每亩的用种量为150克。播种期因嫁接方法而异，采用靠接法时，黄瓜可比砧木早播4~6天；采用插接法时，黄瓜要比砧木晚播3~4天。一般播种后10~14天，靠接苗接穗1叶1心，下胚轴5厘米；插接苗接穗子叶刚展平，真叶尚未长出时为嫁接适期。

（2）砧木准备。每亩的用种量为2 500克。浸种、催芽播种及播种后的管理同接穗一样。砧木第1片真叶半展开至第1片真叶展平为嫁接适期。插接用砧木要比靠接用砧木略大一些。高温、高湿、阴暗容易造成秧苗徒长；反之，胚轴较短。因此要通过温、光、水分调节来控制胚轴的长度和粗度。靠接时，接穗和砧木的下胚轴长势应尽量一致；插接时，接穗下胚轴要比砧木略细略短一些。

嫁接前，砧木和接穗幼苗都要增加光照，适当降温控水，防止徒长。

3. 嫁接方法 黄瓜常用的嫁接方法有靠接法和插接法。

（1）靠接法。用铲子将黄瓜苗和南瓜苗从育苗盘内小心挖出。先削砧木，左手拖住南瓜秧苗，真叶向上，食指与中指夹住砧木下胚轴，右手用刀片切去生长点，保留子叶。在下胚轴距子叶0.5厘米处，方向与子叶伸展方向平行，让刀片与胚轴成40°夹角，由上往下斜切至茎粗1/2处，切口长0.8~1厘米。切口要光滑，利于愈合。再选一株胚轴长势相当的黄瓜幼苗，在一个子叶的正下方的下胚轴上距子叶1.5厘米处，刀片与胚轴成30°~40°夹角，由下往上斜切至茎粗的1/2~4/5处。

然后自上而下将黄瓜和南瓜茎上的切口对合，用夹子固定，使黄瓜子叶压在南瓜子叶上面，呈“十”字形。

（2）插接法。选好砧木和接穗，接穗比砧木略小。挖出南瓜幼苗后，用刀片切除其真叶和生长点。用与黄瓜胚轴粗度接近的竹签，从胚轴一侧子叶主叶脉基部，与胚轴成75°角方向，由上往下斜插一孔，孔深5～7毫米。竹签尖端不可穿破茎外表皮，以防接穗尖端外露，产生自生根。然后在黄瓜子叶下8～10毫米处，与子叶伸展方向平行，斜削成5～7毫米长的楔形切口；立即拔掉砧木竹签，将接穗插入，接穗子叶压在砧木子叶上并与砧木子叶呈“十”字形。接完后最好用夹子固定，提高成活率。

良好的嫁接技术可以提高嫁接成活率，嫁接用刀片要锋利、平滑、干净，不可沾染泥水，以免伤口感染。操作时用力要轻，不可损伤瓜苗，尽量保证切口光滑，深度一致，对合得当。

4. 嫁接苗的管理　嫁接后应迅速栽植嫁接苗。要求土壤疏松、肥沃，可用黄瓜育苗床土。栽植后逐苗浇透水，注意伤口不能沾水，然后覆上厚约1厘米的细干土，转移至小拱棚中，随时盖严塑料薄膜，温度较低时要覆盖草帘。

（1）温度。高温有利于伤口愈合，因此在嫁接后的前3天，要适当提高温度，白天气温25～30℃，夜间10～20℃，低温20～28℃。从第4天开始通风，温度降至白天22～28℃，夜间18～20℃，地温20～25℃；7天后除去小拱棚进行正常管理。

（2）湿度。第1～3天，扣严拱棚，保持空气湿度在95%

左右，湿度过低，易造成接穗萎蔫，严重影响成活率。嫁接4天后开始从棚顶稍加放风，湿度降至70%~80%。移栽时，还可在表层覆盖麦糠并喷水保湿，这样在定植前可不再浇水。

（3）光照。嫁接后2~3天，不宜阳光直射，要搭上草帘全天遮阴，减少植株水分蒸腾和养分消耗，促进伤口快速愈合。3天后，可适当见光，只需遮蔽上午10时至下午3时的强光。5天后便可撤除遮阴物，通风炼苗。遮光尺度要以苗子不萎蔫为准，遮光过严会造成苗子徒长，软弱。

（4）断根除芽。靠接苗的接穗易生根，应在嫁接后10~13天，剪断黄瓜自生根。若接口结合不牢，可分两次进行。最好在傍晚进行，剪断后要适当遮光2~3天，减少萎蔫。砧木残留生长点易发侧芽和新叶，要及时摘除。

（5）撤夹。撤夹时期要适宜，过早伤口愈合不牢，容易从接口处断裂；过晚则抑制幼苗茎的发育，影响养分运输。一般在定植后至搭架前撤掉最为安全。

嫁接后25天左右，选晴天即可定植。定植时注意不要埋住接口；否则，黄瓜形成的不定根，会降低嫁接效果。

四、绿色黄瓜标准化生产的栽培管理技术

（一）日光温室越冬（冬春茬）栽培技术

越冬栽培黄瓜时，日光温室必须具备良好的保温性能和充足的光照条件，满足黄瓜生长对光热的需求。冬季最冷时，最低夜温保持在10℃以上，10厘米地温在12℃以上。遇到连续

阴雪天气，还要有人工补光和临时加温措施。

1. 品种选择　冬春季节光照弱、温度低，要根据当地气候及市场需求选择耐低温、耐弱光、抗病、不易徒长、第1雌花节位低的品种。目前生产上常用的品种有：津春、津优、中农等。

2. 嫁接育苗　嫁接可提高黄瓜抗病性，增强低温忍耐能力，促进丰产，是越冬黄瓜常用技术措施。砧木选择与黄瓜亲和力强、耐寒、抗病、根系发达的黑籽南瓜。

（1）播种。根据当地气候及温室条件确定播种期，一般在11月上旬至12月下旬，室内最低气温不低于10℃（表2-4）。根据嫁接方法，适当提早或推迟黑籽南瓜播种期。采用靠接法时，南瓜要比黄瓜晚播4～6天；采用插接法时，南瓜要比黄瓜早播3～4天。播种量为每亩150克黄瓜种子，2 500克南瓜种子。播种前要分别对接穗和砧木种子进行浸种和催芽。黄瓜浸泡6～10小时，南瓜浸泡8～12小时，每隔6小时换1次水。种子浸好后用清水洗净种皮表面的黏性物质，包上湿纱布，甩去多余水分。黄瓜种子催芽温度25～28℃，24小时开始露白；南瓜种子30～33℃，32～48小时露白，露白2天后种子出齐，即可播种。

（2）苗床准备。为防止秧苗徒长，促进幼苗分化培育壮苗，可在温室前缘外设置小拱棚或在温室内南墙附近育苗。共设置两个苗床，一个培育南瓜子叶苗，一个培育黄瓜子叶苗。床土配制：6份充分腐熟有机肥与4份田园土混合均匀，每平方米施入50～100克磷酸钙或2千克磷酸二氢铵，若用马粪作有机肥，则每平方米需多加40克尿素。播种前浇足底水。

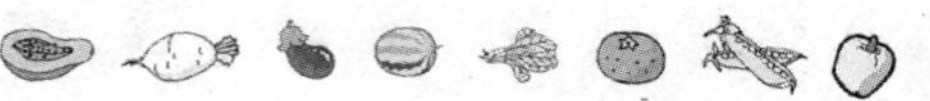

（3）嫁接。一般黄瓜播种后13~14天，子叶展平，第一真叶破心；南瓜第一真叶半展开到全展开为嫁接适期。嫁接方法有插接法和靠接法，操作技术详见黄瓜嫁接育苗部分。

3. 整地施肥 设施内黄瓜连作易造成土壤盐渍化、土传病害加重、土壤养分失衡，因此要实行至少2~3年的轮作制度。

（1）整地。要深翻细耙，耕深25~30厘米，在阳光下晾晒。在定植前10天对棚室消毒，先在棚室内分5~6处放置瓦片，每亩用硫黄粉300克、敌百虫500克、锯末500克，三者混匀后倒在瓦片上，闭严棚膜，点燃熏蒸，以消灭土壤中潜藏的病菌，减少土传病害的发生。高温闷棚1~2天后，揭开棚膜通风，浇透水。

（2）施肥。冬春茬黄瓜苗期生长需2个月，结果期从元旦前后开始到5~6月结束，整个生育期长达8个多月，因此在定植前必须重施基肥。设施内没有自然降水，人为浇水量又小，造成养分淋溶，土壤表面盐分增多，通常设施内土壤总盐度是露地的3倍多，这就是所谓的土壤盐渍化。土壤盐渍化影响黄瓜对养分的吸收，特别是对氮元素的摄取，引起黄瓜萎蔫和减产。

增施化肥会使土壤的物理性状遭到进一步破坏，而有机肥既能增强土壤肥力，又能改善土壤物理性质，提高缓冲力和保水能力。因此，日光温室黄瓜越冬栽培必须提前重施有机肥。根据当前土壤肥力和目标产量确定肥料使用量，一般每亩施优质腐熟的农家肥12 000~15 000千克，配合施入75克过磷酸钙、硫酸钾和磷酸氢二铵等化学肥料，提高黄瓜产量。有机肥

腐熟过程中可加入少量辛硫磷或马拉硫磷，杀灭粪中害虫。

施基肥时，最好少量肥料开沟深施，多半肥料撒施，肥料与土壤充分混匀后做畦，畦面宽90厘米，高20厘米，畦间距60厘米。也可做垄，垄宽45厘米，垄间距50厘米。

4. 定植

（1）定植前的准备。在定植前1天用1∶1∶300倍的波尔多液喷洒秧苗，或者喷洒600倍甲霜灵锰锌、1 500倍氧化果、800倍甲基托布津、2 000倍菊马乳油混合液。为增加散射光的利用率，可在北墙和东西两墙张挂反光幕。苗床浇水、切块，便于起苗。

（2）定植。定植要选在冷空气过后的第1个晴天上午进行。棚内地温不可低于12℃，夜温不可低于8℃。起苗带好土坨，尽量少伤根。单株定植，株距为20厘米。定植时先测好株距，挖宽15厘米、深3~5厘米的浅沟，然后将苗放入，培土。土坨要略高于地面，尽量使其离开地面2厘米以上。黄瓜是浅根系作物，露坨不但满足黄瓜根系呼吸和对土壤温度的要求，而且可以防止黄瓜产生自生根，降低嫁接效果。

定植后顺小沟浇足定植水，浇水过程中检查畦面，及时修整。为了保温蓄墒，可在定植次日覆盖地膜。将地膜盖在两小垄上，逐棵挖洞，将苗掏出，掏苗孔用土封实。地膜两侧拉紧展平后，用土压贴在小垄外侧大沟内部。要经常保持地膜干净，以便透光保湿。

5. 栽培管理

（1）还苗发棵期。定植后至12月底，以保温保湿为主，防止寒害发生。

①温度管理。定植后的3~5天温度要略高，便于缓苗，白天温度保持在30~35℃，夜间15℃左右。温度超过35℃时，适当通风降温。定植1周后，为促进根系生长，适当降温实行变温管理。白天气温保持25~28℃，夜间11~12℃，白天温度超过30℃时通风降温，22℃时闭风，夜间气温过低时，下午及早封闭风口，盖草帘。

②光照管理。早揭晚盖草帘，经常保持棚膜清洁，增加透光率，必要时实行人工补光，促进黄瓜光合作用。早晨阳光洒满棚面，温度在10℃左右时，立即揭帘，晚上日落前盖上。连续阴雨天气时间断揭帘，人工补光。镀铝聚酯反光幕可增加反射光利用率，补充温室北部光照，提高地温。平均每亩需200~300元的反光幕，但每年可增值700~2 300元。每年定植时挂上，春季3月后撤除，可连续使用3年。

③肥水管理。以控为主，控促结合。定植3~5天后浇还苗水，并结合浇水每平方米施腐熟饼肥1 500千克或尿素5~7千克。在第1雌花开放之前，棚内低温寡照，极易导致病害的发生，要控水蹲苗，尽量不浇水或少浇水。直到植株有大量雌花开放时再浇水。蹲苗结束后，结合浇水施肥，每亩随水冲施尿素或磷酸二铵15~20千克。

④植株调整。缓苗后及时插架或吊蔓。插架方法：用竹竿立架，架要直立稳固，瓜秧长到25厘米时开始绑蔓。绑蔓时使瓜蔓呈“S”形缠绕在竹竿上，注意不要缠入叶柄和侧枝。绳子松紧要适当，过松时茎蔓下滑，失去绑蔓作用；过紧则影响茎蔓横向生长，不利于养分运输，一般以刚好能使植物直立为宜。吊蔓需在每垄黄瓜上方，由南向北拉一道铁丝，高度在

2 米左右。瓜秧长到 7 片叶以上开始吊蔓，在每棵黄瓜苗上方吊一根尼龙绳，绳子另一端拴在瓜茎基部，让瓜蔓呈“S”形沿绳往上爬。以后每隔 30 厘米绑 1 次蔓。当瓜秧接近棚顶时，把瓜秧下落在下部缠绕几圈，并摘除下部叶片，通风透光。

黄瓜易生侧枝，植株 5 片叶以下的侧枝全部摘除，以上侧枝在雌花前留 1～2 片叶摘心。每天绑蔓并及时摘除多余的雄花、卷须、病叶、老叶和畸形瓜。

（2）结果期。从 12 月下旬开始，黄瓜进入结果期；翌年 2 月中旬至 4 月下旬是黄瓜盛果期；5 月下旬或 6 月上旬拔秧清园。

①结果初期。黄瓜刚进入结果期时，天气处于最寒冷阶段，主要的管理工作是提温、增光、补充气肥。草帘要早揭早盖，以保温蓄热维持夜间温度，尽量按“四段变温”原则管理温度。早晨阳光能照射到南屋面时揭帘，至 14 时，使温度保持在 28℃左右；14 时至盖帘温度为 22℃左右；前半夜由于墙体和土壤蓄热，温度为 17℃左右；后半夜为 12℃左右。阴雪天气不揭帘或晚揭帘；夜间有寒潮时，适当提前盖帘。如遇连续阴天或雨雪天气，要及时采取增温措施。降雪时要及时清除棚膜积雪，防止草帘或防寒布吸水，造成棚室负载，同时增大透光量。根瓜采收后，每隔 10 天浇 1 次水，每 10～15 天追 1 次肥，施肥量为每亩施尿素 15～20 千克，或腐熟人尿粪 500 千克。磷钾肥不足时，还可随水冲施磷酸钾和过磷酸钙。

由于这一阶段气温低，棚室不通风或很少通风，棚内空气长期不与外界交换，二氧化碳含量降低，影响光合作用的正常进行。我们可以采取强酸和碱盐反应生成二氧化碳的方法，补

充棚室内二氧化碳含量。方法一：碳酸氢铵和浓硫酸反应。先把浓硫酸和水按1:3的体积比稀释，稀释时注意先加硫酸再加水，并不断搅拌。稀释后分装到几个容器中，每隔10米，距地面1.2米处放置1个。每天早上分2~3次投入所需含量的碳酸氢铵（表2-8）。方法二：生石灰（碳酸钙）与盐酸反应。盐酸与水稀释后放入破碎的生石灰。

除此之外，还可用液态二氧化碳释放法，根据钢瓶上的流量表和保护地体积准确控制用量；固体二氧化碳气肥直接施用法，将固体二氧化碳气肥直接施入表层，每平方米2穴，每穴10克；燃烧气肥棒二氧化碳的方法；大量施用有机肥的方法，因有机肥在发酵分解中会释放二氧化碳。二氧化碳必须在晴天上午日出后进行，上午是作物光合作用的高峰期，及时补充二氧化碳可以有效提高光合作用，施放后切勿通风。除补充二氧化碳气肥，还可根据需要喷施叶面肥和激素。

表2-8　每亩温室增施二氧化碳用料表

剂量 / 项目	棚内二氧化碳达到量（毫克/升）				
	500	800	1 200	1 500	2 000
96%硫酸（升）	0.345	0.550	0.825	1.030	1.375
碳酸氢铵（千克）	0.580	0.930	1.395	1.745	2.325
浓盐酸（升）	1.345	2.150	3.225	4.031	5.375
生石灰（千克）	0.756	1.210	1.815	2.269	3.025

根瓜达到商品质量时尽早摘除，避免坠秧。及时疏叶落秧，改善通风透光条件。为提高坐果率，可人工辅助授粉。黄瓜是雌雄同株异花授粉作物，充分授粉可提高结果能力。每天上午9~10时，摘取当日开的雄花，除去花瓣露出雄蕊，对准

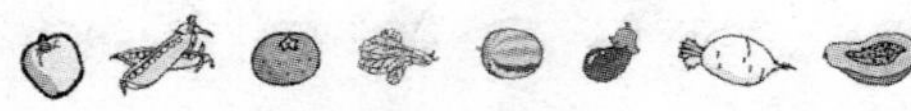

当日开的雌花柱头轻轻涂抹，每朵雄花可授2~3朵雌花。

②结果盛期。2月以后，天气逐渐变暖，日照时间和光照强度增加，黄瓜生长的温光条件得到改善，进入结果盛期。这一阶段是高产的关键，务必要做好温、光、水、肥的管理工作和病虫害的防治工作。

温度要求白天保持在25~30℃，最高不超过32℃，夜间为15~17℃。天气晴朗时，可适当提前放风，降低棚温，防止夜间温度过高，造成化瓜和植株徒长。充足的水肥是高产的关键，植株吸收的肥量有一半被果实携走。一般每7天浇施1次，每次每亩追施硝酸铵30千克，过磷酸钙50千克或黄瓜专用肥30千克。由于土质和黄瓜长势不同，每次化肥使用量要依具体情况而定，切不可滥用（表2-9）。

表2-9　各种化肥不同土壤一次最大施用量（千克/亩）

肥料种类	沙　土	沙壤土	壤　土	黏壤土
硫酸铵	18~24	18~36	24~48	24~48
尿素	6~10	10~18	12~24	12~24
复合肥	18~30	24~6	36~40	36~50
过磷酸钙	24	36	48	48
硫酸钾	3~9	6~12	9~18	9~18

钾能促进植株内物质的运输和产量的形成，可少量追施钾肥或叶面喷施磷酸二氢钾。注意磷酸二氢钾纯度，杂质过多对叶片有危害。浇水不及时或者土壤浓度过大，会造成生理性缺钙，可增加浇水或喷施0.4%的氯化钙。浇水要选在晴天进行，阴天和阴天前不浇或少浇。

这一阶段棚内温湿度高，病虫害发生严重，要做好防治措

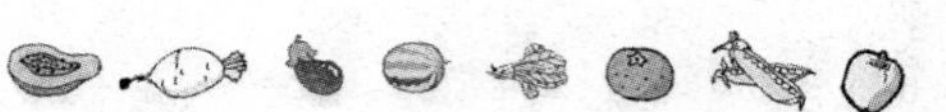

施（详见黄瓜的病虫害防治部分）。

③结果后期。4 月中下旬以后，天气逐渐升温，黄瓜根系开始衰老，各种虫害滋生，黄瓜产量有所下降。要持续高产就要促发新根，防治虫害。可在行间开沟施肥，沟深 20 厘米左右，并同时切断部分根系，增加土壤通透性，以促发新根。

随着外界气温升高，逐渐增大通风量，到 5 月中旬，达到昼夜通风。同时摘掉植株下部的老叶、病叶，减少养分损失，延长采收期。

6. 采收与包装 适时采收，一般雌花凋谢后 8~10 天即达到商品要求，应当立即采收，特别是根瓜。因为着瓜前期叶面积较小，植株生长缓慢，果实生长发育常与根、茎、叶争夺养分。如采收偏晚，会妨碍整个植株的生长。越冬黄瓜每天采摘比隔 1 天采摘或隔 2 天采摘瓜条数都多，产量分别提高 9%和 11.8%。

黄瓜采收时，最好在晴天上午露水干后一段时间（3~4 小时）或下午 3 时以后进行，早上采收果实不仅光泽好、含水量大，而且温度低、水分蒸发量小，有利于贮藏和长途运输；中午采收时品质低不利于贮藏和运输；下午 3 时以后采收时不易伤害到果实。操作时，戴手套、用剪刀带瓜将瓜柄剪下，轻拿轻放，严防碰伤瘤刺，做到顶花带刺。

（二）日光温室秋冬茬栽培技术

1. 品种选择 日光温室秋冬茬黄瓜栽培要选择耐低温弱光，较抗霜霉病、炭疽病等病害，优质高产，耐贮藏的黄瓜品种。生产上常用的有津杂 1 号、2 号，中农 101 等。

2. 播种育苗　播种期根据当地气候和供应期而定，一般在8月上旬至9月上旬。播种过早，塑料大棚秋瓜盛采期尚未结束，果实单价低，植株易徒长早衰。播种过晚，结果期温度低，光照弱，增加管理成本，且冬前产量低。各地具体播种时间参见表2-4。

育苗和直播均可，也可用黑籽南瓜作砧木嫁接。播种前要对种子进行消毒、浸种和催芽处理。播种量为每亩150~160克，播种时种子要放平，盖1厘米厚细土，播种后覆盖地膜，保温保湿，注意中午温度过高时要揭开地膜，通风降温。播种期日照强，昼夜温差大，幼苗出土后，棚室应覆盖遮阳网、草帘等遮阴保温。秋冬黄瓜基本处于高夜温、长日照的环境中，极易发生徒长，要适当控水，并加强通风。

3. 分苗　育苗时，当子叶充分展开即可分苗，最好将秧苗移植到8厘米×8厘米或10厘米×10厘米的营养钵中。分苗前一天浇湿土坨，便于起苗，减少伤根。分苗后2~3天，以保温、保湿为主，再通风降温。这一时期，棚内的高温长日照条件不利于黄瓜雌花的分化，始花节位高。可在幼苗长到2片真叶时，喷施1次50毫克/升的2，4-D，或100毫克/升的乙烯利，到4片真叶时再喷1次。待幼苗长到2叶1心或3叶1心时即可定植。定植前1周左右控水降温，进行秧苗锻炼，一般心叶不蔫不浇水。

4. 整地和消毒　及时清除前茬残秧、落叶、杂草，保持棚室清洁。深耕土壤时，施入部分基肥，用量为每亩施腐熟厩肥3 300千克，过磷酸钙65千克，碳酸氢铵35千克。深耕后再次施入肥料，用量为每亩施腐熟厩肥1 700千克，过磷酸钙

35千克，碳酸氢铵15千克。耙平做畦，畦高10厘米，宽90~100厘米，有条件可以覆盖地膜。

在定植前10天对棚室消毒，先在棚室内分5~6处放置瓦片，每亩用硫黄粉300克、敌百虫500克、锯末500克，三者混匀后倒在瓦片上，闭严棚膜，点燃熏蒸。24小时后，揭开棚膜通风。

5. 定植 选在晴天上午进行。可采用点水定植或明水定植，定植水一定要浇透。黄瓜属浅根系作物，要露坨浅栽，缓苗后适当培土。采用单株定植，株距为30厘米。

6. 栽培管理 10月棚室内温度较高，黄瓜生长迅速，前期产量高，易出现早衰现象，从而降低了对低温的抵抗能力；11月中下旬室内气温逐渐下降，不利于黄瓜后期产量的提高。因此，要采取前期控温、中期适温、后期升温的管理措施。

定植后2~3天，为促进缓苗适当提高温度，白天30~35℃，夜间20~25℃。晴天中午，温度超过33℃时，要通风降温。1周后进入蹲苗阶段，要降温控水，促进根系发育，白天温度维持在25~28℃，夜间温度维持在13~15℃，一般7天即可培育出健壮瓜苗。11月中旬黄瓜进入盛果期，为克服低温寡照，要早揭早盖草帘，延长光照时间，并发挥最大潜力提高温度。外界气温下降到-10℃时，每栋温室放8~10个小炉子临时加温（注意防止煤气中毒），温度回升后再撤掉。2月下旬逐渐降低温度，加大放风量，温度上限为35℃。

由于缓苗期地温高、蒸发量大，在定植前4~7天，要浇1次缓苗水，缓苗水必须充足，渗透瓜畦。缓苗后至根瓜采收前，控水蹲苗，中耕松土，促发侧根。根瓜采收前追肥灌水，

每亩随水冲施15~20千克磷酸二铵。每周浇水1次，每10天施肥1次。浇水要在晴天上午进行，阴雨雪天气不浇，浇水后放风排湿。结合黄瓜长势和病虫害，进行叶面追肥。

7. **采收与包装**　播种50天后开始采收，11月以前，黄瓜产量高，可重摘；12月后温度降低，黄瓜生长慢，要轻摘；翌年1月后，留长势好的黄瓜挂秧贮藏，等市场价格回升后集中采收。

（三）大棚秋延后栽培技术

我国北方秋季温度下降较快，黄瓜生长期短，冬霜前不能完全收获，利用大棚保温防霜，继续生产黄瓜。

1. **品种选择**　大棚延秋后栽培应选用耐热、抗病、优质、结瓜早的品种。生产上常用的品种有：中农8号、京旭2号、农大秋棚1号、津杂3号等。

2. **整地消毒**　前茬收获后，及时清除田间枯枝、烂叶、杂草，深翻土地。整地时每亩施入6 000千克腐熟厩肥，50千克过磷酸钙、50千克硫酸钾；肥料与土壤充分混匀后耙平做畦。可用平畦或小高畦，平畦畦高8~10厘米，宽90~100厘米；高畦畦宽40~50厘米，沟宽60厘米。

在播种前10天对棚室消毒，先在棚室内分5~6处放置瓦片，每亩用硫黄粉300克、敌百虫500克、锯末500克，三者混匀后倒在瓦片上，闭严棚膜，点燃熏蒸。24小时后揭开棚膜通风。

3. **适期播种**　要保证在严冬来临前，所有瓜都能长成商品瓜。播种过早，苗期正直高温多雨，病虫害严重，和露地秋

瓜同时上市，单价低；播种过晚，后期低温降低产值。一般应掌握在7月上旬到7月中下旬。每亩用种量150~160克。

为保证种子发芽率，减少病虫害，播前对种子进行处理。将种子放入50~55℃水中，并不断搅拌，保持水温恒定。10~15分钟后用10%的磷酸三钠浸泡15~30分钟，用清水反复冲洗种子，然后放在20~30℃温水中继续浸泡。浸泡过程中，挑出漂浮在水面和悬浮在水中的干瘪、不饱满种子。8~12小时后捞出种子，用湿布包好，甩干多余水分，放在28~30℃环境中催芽，80%种子露白后开始播种。

秋黄瓜种植密度可稍大一些，每隔7~8厘米挖穴，每穴播1~2粒种子，播后封好堰。

4. 田间管理 秧苗出齐后间1次苗，每穴2株；2叶1心时再次间苗，按株距定棵。间苗的同时注意补苗，一般在清晨或傍晚移栽补苗，补苗后浇足水。

秋瓜生长前期高温多雨，不利于黄瓜的正常生长发育，以降温防涝为主。只覆盖顶膜，四周通风，中午阳光强烈时覆盖遮阳网。大雨后及时排雨水，天晴时浇水，起到降温灌溉作用。为增加雌花的数量，在幼苗长至一大叶一心时，喷施用浓度为100×10^{-6}的乙烯利，3天1次，共喷3次。结瓜盛期，只需供应充足的水肥。小水勤浇，以水带肥，化肥和粪肥交替使用，化肥以尿素、磷酸二铵为主。也可结合喷药用0.3%磷酸二氢钾和0.3%尿素交替进行叶面施肥。10月中旬后，减少放风，加盖草帘或小拱棚，延长结瓜期。

为协调瓜秧生长，前期及时上架和绑蔓，摘除12节以上侧枝，腰瓜后适当留3~4条侧枝，每侧枝留一瓜一叶摘心，

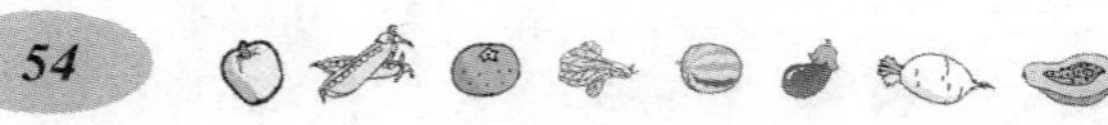

摘除多余雄花和卷须；后期适当摘除底部老叶、病叶，减少养分消耗，保证瓜条生长的需要。

（四）春季拱棚、地膜栽培技术

由于我国南部部分地区夏季炎热多雨，昼夜温差小，不利于黄瓜果实生长。因此，在春季采用拱棚或地膜栽培，比露地黄瓜提早1周左右播种和定植，使黄瓜盛果期赶在酷暑来临前结束。

1. 品种选择　春季拱棚、地膜栽培应选择早熟、高产、抗病和抗逆性强的品种，如中农6号、中农8号、津杂3号、津春4号等。

2. 整地施肥　前茬作物收获后，及时清洁菜园，深翻土地，晾晒杀菌。开春后，耙耱打碎，使土壤细绵。终霜前20天，每亩施入有机肥4 000千克，饼肥100千克，过磷酸钙50～100千克，翻地混匀，耙平，做畦。

3. 搭拱棚、铺地膜

（1）搭拱棚。一般棚高0.4～0.5米，宽0.7～1.3米。可用细竹竿交叉对接而成，也可用6号或8号铁丝做拱架。可在拱架中间设立柱或纵向拉杆，增强拱架牢固。定植前15天扣膜，要注意塑料薄膜质量，有些薄膜挥发的有害气体会使黄瓜叶片中毒，严重时全株死亡。

（2）铺地膜。畦做好后，选晴天中午立即铺膜，增温保墒。铺膜前喷施除草剂，防止杂草滋生。铺膜时要把膜放平拉紧，膜两边要用土压实。

4. 定植、播种　每亩的用种量为150～160克，播种前要

对种子进行消毒、浸泡、催芽处理。小拱棚定植期为晚霜前4~6天，选在温暖无风的上午进行。地膜栽培应掌握“定植要选在晚霜霜前；直播时，保证种子在霜后发芽”的原则。单株定植，行距70厘米，株距30厘米。小拱棚定植后覆土、浇水，并立即压好棚膜。地膜定植时，先按株距在膜上划小口，再选择壮苗逐棵栽入，每栽1棵都要用土封严定植孔。

5. 田间管理

（1）小拱棚：定植前期，如发现棚膜有缺口，立即修补。随着外界温度的升高，逐渐加大通风量。当夜间最低温度在10℃以上时，撤掉棚膜。撤膜前1周，加大夜间通风，锻炼秧苗。

（2）地膜：栽培过程中，地膜破裂时，立即用土封严。若膜下滋生杂草，晴天中午用脚踏平。一般栽培中途不需撤膜，采收结束后将残膜清除干净。

其他管理可参照露地黄瓜管理技术。

6. 采收与包装　适时采收，一般小拱棚栽培可比露地黄瓜提早上市10~15天，要抓住时间优势，提高收益。

（五）露地栽培技术

春季露地栽培是黄瓜栽培的主要茬次之一。春季前期，温度低，特别是低地温不利于黄瓜根系生长，要注意采取提高地温的管理措施。

1. 品种选择　春季气候多变，要根据市场需求选择适应性强，耐低温弱光，抗病、耐病性品种。各地区根据市场需求和上市时间确定栽培品种。早熟品种有：津杂1号、2号，津研

2号、7号等；晚熟品种有：中农1101、露地2号等。

2. 适期早播　直播或育苗均可，直播在终霜过后播种；育苗在4月中下旬播种，30~35天即可定植。用种量为每亩170~180克。播前需浸种催芽，方法同前。80%种子露白后，开始播种。

播种宜选在晴朗无风的中午进行，播种前在床土内灌足底水，单粒点播，每穴3~5粒，随播随盖，覆厚1.5~2厘米药土。床土配方：田园土∶人粪尿∶腐熟厩肥=4∶2∶4；药土配方：50%多菌灵和50%福美双粉剂各6克，与10~20千克细土混匀。最好用播种密度为8厘米×8厘米，也可直接播在营养钵内，每钵1粒有芽种子。

3. 培育壮苗　播种后至出苗前白天温度维持在25~28℃，夜间18~23℃，适当提高地温，2~4天出苗，这一时期不浇水、不通风。出苗后控温管理，白天保持在20~24℃，夜间保持在15~17℃，避免高温徒长。子叶刚展开时，稍通风即可，以后温度升高，逐渐增大通风量。为保墒蓄水，需覆2次土，分别是出齐苗和2叶期，每次覆细土0.1~0.2厘米。这个时期的浇水原则是保持土壤湿润，忌忽干忽湿。浇水要选在晴天上午进行，浇水后及时通风。

定植前7~10天要进行秧苗锻炼，逐渐加大通风量。在最低气温高于5℃时，夜间撤去覆盖物，增大昼夜温差，提高秧苗对露地的适应性。为防止病虫害的发生，还可以在定植前对幼苗喷施百菌清或苦参素等杀虫剂。

4. 整地做畦　要选2~3年未种过瓜类的菜地。前茬作物收获后，翻耕晒垡，春季施肥、耙平、做畦。整地时每亩施入

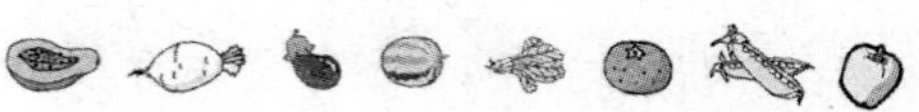

有机肥 6 000 千克，复合肥 20~30 千克。架瓜多做高畦或半高畦，畦宽 1.3~1.4 米。

5. 定植 根据各地终霜期而定。一般 4 月中下旬，地下 10 厘米低温在 10℃以上，平均气温在 15℃左右时定植。定植最好在晴天进行，较高低温有利于黄瓜发根，定植时浇足定植水。若连续阴雨天必须定植时，可少浇水，待天晴后再浇 1 次缓苗水。定植按照挖沟、灌水、栽苗、覆土的方法进行。定植密度因栽培方式而异，立架栽培密度为（30~50）厘米×(50~60)厘米。

6. 田间管理

（1）中耕除草。栽苗后 1~2 天浅耕 1 次，铲畦，保墒；第 4~5 片真叶时再用小齿钩松土 1~2 次，促根蹲苗，注意松土不宜过深，以免伤根。

（2）搭架整枝。搭架栽培时，株高约 25 厘米，开始搭架绑蔓，用树枝搭成“人”字架或用竹竿插成直立架均可，每隔 3 叶绑 1 次。早中熟品种苗期温度低，有利于雌花分化，可采用短秧栽培法。在幼苗长至 5~7 片真叶时摘心，侧枝 2~3 节时摘心，早抽侧枝，多开花，提高产量。主蔓高度超过架头时摘心。进入结果盛期后，结合绑蔓，摘除植株下部老叶、病叶，减少营养损耗，增加通风透光。

（3）肥水管理。定植后 50 天左右进入结果盛期，由于气温高、植株蒸发量大、果实生长旺盛，黄瓜对肥水的吸收量达到最大值。要不断供应养分，追肥时掌握“多次少施”的原则。一般每隔 7~10 天追 1 次肥，每平方米施尿素 15~20 千克，或腐熟人尿粪 250~500 千克。浇水要在晴天早晚进行，

如遇暴雨，雨后抢浇一水洗园。这是因为雨水中含有二氧化硫等化学物质，沉积在菜园中，增大土壤浓度，抑制了根系呼吸及黄瓜吸水。浇清水可以冲走雨水中的盐性物质，降低土壤浓度。同时降低地温，防止“热蒸”。

7. 采收与包装　露地栽培黄瓜果实生长很快，一般定植后25~30天开始采收，采收期40~60天。根瓜要适当早采，防止坠秧和化瓜；秧瓜可适当晚采，待瓜条充分长大后再摘。勤摘瓜可增大结瓜量，延长采收期，一般隔1天摘1次瓜。尽早摘掉弯瓜、畸形瓜和机械损伤瓜，使营养集中供应周正瓜条。包装时要轻拿轻放，使瓜条顶花带刺。

五、绿色黄瓜病害的标准化防治技术

（一）床土消毒

床土消毒见绿色黄瓜的标准化育苗技术部分。

（二）种子消毒

种子消毒见绿色黄瓜的标准化育苗技术部分。

（三）综合防治

1. 霜霉病　俗称“跑马干”、“黑毛病”，病情发展迅速，是毁灭性病害之一。

（1）发病特征。主要为害黄瓜幼苗和功能叶。幼苗感病初期，子叶正面出现少量褪绿色黄斑，随着病情发展，正面斑

点逐渐扩大变成黄褐色，背面产生灰黑色菌层，并表现出干枯、卷缩症状。成株感病初期，叶背先产生浅绿色水渍状斑点，逐渐转变成浅黄、黄色。由于受到叶脉突起的限制，斑点呈多角形。在潮湿环境下，病菌的孢子囊和孢子囊梗迅速繁殖，长出紫黑色霉层。病斑随之扩大，连在一起，使叶片从叶缘处向上卷曲、枯黄。病菌从下部叶逐渐向上蔓延，严重时全株感病变枯。

（2）发病规律。霜霉病是由真菌侵染引起的，主要靠气流传播，从气孔侵入，为害叶片。高湿是引起发病的主要原因。当叶面上有水滴或水膜存在，温度在 15～25℃范围内时，病原菌开始萌发和侵入。病斑形成后，空气湿度在 85%以上，只需 4 小时就能产生大量孢子囊，而当湿度低于 60%时孢子囊不能萌发。病菌侵入叶片的温度范围是 10～25℃，温度低于 15℃或高于 30℃时，发病受到抑制。

（3）综合防治。

①选用抗病品种。选用对霜霉病抗性强的品种，可以有效减轻病菌的为害。目前常用的较抗病的品种有：中农 5 号、津杂系列等。

②加强田间管理。合理种植密度，注意通风透光，降低湿度。及时调节温湿度，在不影响黄瓜生长的情况下，尽量避开病菌侵染适合的温度，降低湿度。成株期病害主要是在结瓜后出现，在此之前尽量少浇水，多中耕。阴天和雨天不浇水，晴天不浇大水。在上午灌水后，闭口闷棚，使温度迅速升高，达到 33℃时，通风排湿。

③高温闷棚。选择晴天上午（或闷棚前 1 天）先浇水，

然后密闭棚室，使室内温度迅速上升到45～48℃，保温2小时，逐渐通风降温，可抑制病菌蔓延。闷棚时随时注意棚内温度，观察植株状况，若发现龙头小叶开始抱团，且有下垂趋势，立即通风降温，防止灼伤。闷杀1次，可控制病程5～7天，但对黄瓜的生长也有一定抑制，可追施速效叶面肥，加速恢复进程。

④药剂防治。在发病前，向叶面喷施75%百菌清可湿性粉剂或百菌清粉尘剂，可增强叶面抗性。发病后，及时拔掉中心病株，摘除病叶，并迅速喷药。粉尘剂一般在傍晚进行，用喷粉器喷洒5%百菌清粉尘剂，10%防霉灵粉尘或10%多百粉尘剂，每亩用药500～1 000克，每隔8～10天喷1次。液体药剂最好在晴天上午喷施，喷施时注意叶面上、下部均要喷到。可选农药：70%乙磷锰锌可湿性粉剂500倍液，58%甲霜灵可湿性粉剂500倍液，72%杜邦克露500倍液，75%百菌清可湿性粉剂、水剂600倍液，25%甲霜灵可湿性粉剂800～1 000倍液，72.2%普力克水剂800倍液，50%甲霜铜可湿性粉剂600～700倍液，64%恶霜灵+代森锰锌可湿性粉剂600倍液，70%代森锰锌可湿性粉剂500倍液等。每亩喷药液60～70升，每隔7～10天喷1次，连续3～4次。

⑤烟熏法。黄瓜成株期，枝叶密度大，喷药费工且易遗漏，可用烟雾剂进行熏蒸。每亩用45%百菌清烟剂160～200克，在温室内均分几份，傍晚封棚后用暗火点燃，翌日清晨通风。一般7～14天熏1次，连续3～6次，可同时防治白粉病和灰霉病。

2. 枯萎病　又称蔓割病、萎蔫病，为害黄瓜茎叶，是世

界性病害。

(1) 发病特征。黄瓜各生育期都可能发病。幼苗期感病时，幼茎基部变褐呈水渍状缢缩，子叶萎蔫变黄，植株顶端呈现失水状，猝倒死亡。成瓜期多在开花结果期和根瓜采收后发生，底部叶片先感病，然后向上逐渐发展，感病植株生长缓慢，叶子出现黄色网纹状。发病时，部分叶片中午萎蔫下垂，似缺水状，叶色变浅，早晚恢复。茎基部缢缩变软，由水渍状逐渐干枯，土壤潮湿时，产生白色或粉红色霉层。根茎、节、节间出现黄褐色条斑，表面常有脂状物溢出，干枯时形成纵裂条带，抛开可见黑褐色维管束。随着病情发展，全株叶片萎蔫时不再恢复，发病 1 周后，病株很快枯死。

(2) 发病规律。枯萎病是由半知菌亚门镰孢属真菌引起。病菌具有很强的生命活力，在土壤中可存活 5~6 年，种子、未腐熟有机肥、土壤、农具或昆虫都可能携带枯萎病病菌。病菌通过气流、灌溉水或空气传播。当空气相对湿度超过 90%、温度达到 25℃左右时，病菌开始发育，在 4~34℃条件下，从根部伤口或根毛顶部细胞侵入。病菌侵入后，在根部或茎部的薄壁细胞中发育，逐渐深入木质部再到维管束，由下向上蔓延，最终堵塞导管，产生毒素致使细胞中毒，植株死亡。

土壤条件不良是造成发病的主要因素。连作、黏重、偏酸、偏氮肥、干旱、积水等土壤最易发病且病情严重。这些土壤条件不利于黄瓜的生长发育，降低了根系抵抗力，而病菌活力增强。另外土壤中线虫吸取根部营养，造成伤口，有利于病菌的侵入。

（3）综合防治。

①选择抗病品种。近几年培育了一批高抗枯萎病的品种，如津杂1号、2号，中农5号等。

②种子和土壤消毒。将干燥种子在70~75℃烘箱中处理72小时，或浸种前用50%多菌灵可湿性粉剂500倍液浸种1小时，或用福尔马林浸种1~2小时。土壤消毒不仅可有效防治枯萎病，还可杀死线虫。播种前，用8克50%多菌灵与15千克细土拌匀作药土，2/3下铺，1/3上盖。

③嫁接。用黑籽南瓜作砧木，抗枯萎病黄瓜品种作接穗，防病效果达95%以上。

④药剂防治。发病初期及时用药液灌根。常用药剂及施用浓度：50%多菌灵500倍液，或40%多菌灵胶悬剂，70%敌磺钠可湿性粉剂300~500倍液，或高锰酸钾800~1 500倍液，或用70%甲基托布津800~1 000倍液，或10%双效灵200~300倍液，或25.9%抗枯宁500倍液，每株0.3~0.5升，每7~10天灌1次，连续2~3次。

3. 灰霉病　在各地普遍发生，多发生在设施栽培的黄瓜中，主要为害幼瓜、花、叶、茎。

（1）发病特征。病菌多从开败的雌花上开始侵染，受害花瓣呈水渍状腐烂，并长出灰色或淡灰褐色的霉层，进而侵染幼瓜，瓜蒂部很快变软、萎缩、腐烂，表面密生淡灰色霉层，导致瓜条停止生长，头部腐烂。烂花、病瓜、卷须的脱落会引起茎叶发病，叶部病斑初为水浸状，随后产生青灰色大型轮纹，直径2~5厘米，感病后期病斑变成淡灰褐色，边缘明显，表面着生少量灰色霉层。茎主要在节部发病，严重时，茎下部

的节腐烂致蔓折断；空气相对湿度大时，病部密生灰色霉层，植株枯死。

（2）发病规律。灰霉病是由半知菌亚门葡萄孢属真菌葡萄孢菌侵染引起。其菌丝、分生孢子或菌核常潜藏在土壤或黄瓜残叶上，在光照不足、湿度大、温度低等情况下借助气流、灌水和田间操作，从寄主伤口、萎蔫花瓣处侵染。当气温在20℃、相对空气湿度大于94%、光照不足时易发病，当气温高于30℃、低于4℃、相对空气湿度小于94%时停止发病。北方春季连阴多雨，低温寡照，湿度大，若通风不及时，发病重。

（3）综合防治。

①加强田间管理。经常保持棚膜清洁，增强光照；晴天浇水，浇水后及时排湿；多中耕；低温期，增强保暖措施，注意防寒。发现病株时，及时摘除病花、病果、病叶，带出棚外深埋或烧毁。收获后，彻底清除病株残叶，深翻土壤，让太阳直射杀菌，在下一茬种植前进行高温闷棚或土壤消毒，减少室内病原。

②药剂防治。发病初期每亩用45%百菌清烟雾剂100~200克或10%速克灵烟雾剂250~300克，或20%腐霉利烟剂350~500克，分几处点燃，闭棚熏蒸。也可喷施50%多菌灵可湿性粉剂500倍液，或50%速克灵可湿性粉剂2 000倍液，或50%福美双600倍液，或75%百菌清600倍液，或70%甲基托布津1 000倍液，或50%灰霉宁可湿性粉剂500~800倍液，或25%乙霉威可湿性粉剂1 000~2 000倍液，或50%异菌脲可湿性粉剂1 000倍液，每隔7~10天喷1次，连续2~3次。

4. 炭疽病 黄瓜上的重要病害，主要为害黄瓜子叶、叶

片、叶柄、茎蔓和瓜条。

（1）发病特征。在黄瓜各生育期均可发病。幼苗发病初期，子叶边缘出现褐色半圆形或圆形病斑，最后，茎基部缢缩变色，幼苗倒伏。黄瓜生长中后期发病较重，受害叶片初期呈现水渍状小斑点，逐渐扩大成黄褐色或红褐色圆形病斑，病斑外有黄色轮纹。发病后期，病斑扩大相互连接在一起，出现很多小黑点。干燥时，病斑中部破裂成孔；潮湿时，流出粉红色黏液。茎蔓和叶柄上病斑椭圆形灰白色或黄褐色，略有凹陷，常伴有粉红色小点。被病菌为害的茎叶萎蔫下垂，导致全株枯死。留种老瓜比未成熟瓜条易染病，初期病斑呈淡绿色近圆形，后为黄褐色或暗褐色，很快变为黑褐色，病部凹陷，生有粉红色黏稠状物。

（2）发病规律。炭疽病是由半知菌亚门葫芦科刺盘孢菌引起。其菌丝体附着在种子表皮黏膜、病残体、土壤或棚室内越冬，高温高湿条件下发病，随雨水和地面流水冲溅进行传播。相对湿度达87%~95%、温度在10~30℃时可发病，其中以22~24℃时发病最重。相对湿度低于54%不发病。连作、通风不良、植株衰弱、氮肥过多等发病重。

（3）综合防治。

①种子消毒。用55℃温水浸种15分钟，或用福尔马林100倍液浸泡30分钟，或50%多菌灵500倍液、50%代森铵500倍液浸1小时后捞出，洗净后催芽播种。

②加强田间管理。实行3年以上轮作。及时通风排湿，使棚室相对空气湿度在70%以下。增施有机肥和磷钾肥，增强植株抗性。发病初期及时摘除病叶，黄瓜拉秧后，清除病残组

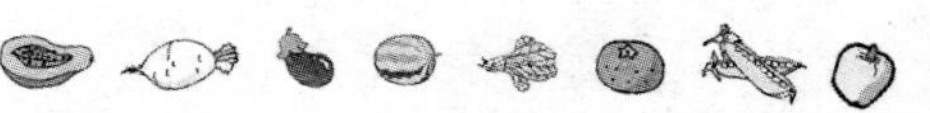

织。

③化学防治。发病初期喷50%多菌灵可湿性粉剂500倍液，或50%炭疽福镁300~400倍液，或75%百菌清500~600倍液，或70%代森锰锌可湿性粉剂400倍液，或70%甲基托布津可湿性粉剂500倍兑80%福美双500倍混合液，或10%苯醚甲环唑水分散粒剂1 000~1 500倍液，或50%甲基硫菌灵可湿性粉剂600倍液，或30%丙环唑加苯醚甲环唑乳油3 000~5 000倍液，或0.2%小苏打液，7~10天喷1次，连续3~4次。

5. **疫病**　又叫疫霉病，俗称死秧。为害黄瓜茎、叶和果实。

（1）发病特征。在黄瓜整个生长期均可发病，为害植株各个部位，以嫩茎和嫩梢最为严重。幼苗期多从生长点开始发病，幼尖呈暗绿色水渍状萎蔫，逐渐干枯成秃尖不倒伏。茎基部也易感病，茎节部产生暗绿色水渍状病斑，逐渐软腐缢缩，上部茎蔓萎蔫下垂。叶片边缘或叶柄上产生圆形或不规则形暗绿色水渍状病斑，直径可达25毫米，斑纹不明显，扩展快，湿度大时腐烂，干燥时呈青白色，易破碎。瓜条感病初期呈暗绿色水渍状病斑，皱缩凹陷，最后全果软腐，表面长出灰白色稀疏霉状物，发出腥臭味。

（2）发病规律。由鞭毛菌亚门真菌甜瓜疫霉引起。其菌丝体、卵孢子随病残体在土壤中越冬，当温度达到9~37℃时，病菌产生孢子囊，随水、气传播，其中以25~30℃时发病最重。当温度适宜时，高湿是诱发疫病的主要因素，病斑上有水珠时4~5小时即可产生大量游动孢子。阴天多雨季节，棚室内湿度大；或大量灌水后未及时排湿；有机肥未充分腐熟；连

作等都会造成发病严重。

（3）综合防治。

①种子和土壤消毒。种子用福尔马林100倍液浸种30分钟，或用72.2%普力克水剂或25%甲霜灵可湿性粉剂750倍液浸种30分钟，然后用清水洗净催芽。播种前用每平方米施入25%甲霜灵可湿性粉剂8克，与细土拌匀，多半撒在苗床上，少半覆在种子上；定植前用25%甲霜灵可湿性粉剂750倍液喷淋地面。

②加强田间管理。用黑籽南瓜做砧木，嫁接换根；配方施肥，控制浇水；发现病株后，及时清除深埋，增强通风，降低湿度。

③化学防治。发病前或发病初期喷施或浇灌72%双脲腈对代森锰锌可湿性粉剂600~800倍液，或72.2%普利克水剂600~700倍液，或58%甲霜灵对代森锰锌可湿性粉试剂500倍液，或50%美派安600倍液，或64%杀毒矾可湿性粉剂500倍液，或50%甲霜铜可湿性粉剂600倍液，或2%抗菌霉素水剂200倍液，或2%武夷霉素水剂150~200倍液，或2%宁南霉素水剂200~260倍液，或25%嘧菌酯悬浮剂1 000~2 000倍液，每株200~250毫升，7~10天喷灌1次，严重时可每5天1次，连续3次。

6. 黑星病　俗称“流胶病”，是世界性病害。主要为害黄瓜细嫩的叶、茎和果实。

（1）发病特征。子叶感病后出现黄白色病斑，幼苗停止生长。瓜叶感病，初为淡绿色小斑点，逐渐扩大变为圆形浅褐色斑点，干燥时变枯破碎形成星状小孔。瓜条染病，初为近圆

形暗绿色斑，病斑略有凹陷，分泌乳白色胶粒，逐渐变为琥珀色，干硬后呈疮痂龟裂状，易脱落。潮湿时表面长出灰黑色霉层，病部停止生长，形成畸形瓜。

黑星病与细菌性角斑病不易区别。首先，黑星病病斑初为圆形或椭圆形，而细菌性角斑病因受叶脉限制呈多角形；其次，细菌性角斑病病部分泌乳白色菌脓，后期瓜条软腐，而不是干裂脱落。

（2）发病规律。由半知菌亚门枝孢属真菌瓜疮痂枝孢霉引起。其菌丝体随病残体在土壤、架材或种子表面越冬，当环境条件适宜时产生分生孢子，从表皮气孔、伤口侵入，随风雨传播。高湿结露，是该病发生和流行的重要条件。空气相对湿度93%以上，平均温度为15~30℃时较易产生分生孢子，分生孢子适宜萌发的温度是15~25℃，孢子萌发需有水膜。因此，重茬连作，阴雨天气，浇水过多，通风不良时发病重。

（3）综合防治。

①选择抗病品种。不同品种对黑星病的抗性有差异，抗性较好的品种有津春1号，中农7号、13号等。

②种子、棚室消毒。种子用55℃温水浸种15分钟，或25%多菌灵300倍液浸种1~2小时，用清水冲净后开始催芽。棚室定植前10~15天，用硫黄熏蒸消毒，每亩用硫黄粉300克、锯末500克，混匀后分几处放置，密闭棚膜，点燃熏蒸。以消灭土壤中潜藏病菌，减少土传病害的发生。高温闷棚1~2天后，揭开棚膜通风。

③化学防治。开始发病时，可选用50%多菌灵500倍液，或50%扑海因1 000倍液，或70%甲基托布津1 000倍液，或

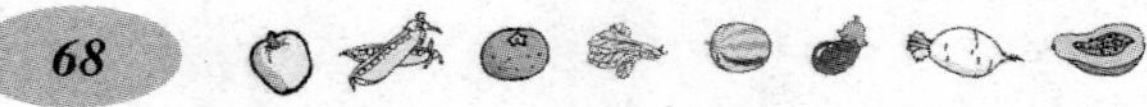

75%百菌清600倍液，或克星丹500倍液，或50%多菌灵500倍与50%甲霜灵800倍混合液，或70%代森锰锌500倍液喷洒，或百菌清烟剂200~300克。每7~10天喷1次，连续2~3次。

7. **白粉病**　俗称白毛，是北方黄瓜常见的严重病害。主要为害黄瓜叶片，也为害茎蔓和叶柄。

（1）发病特征。在黄瓜生长的任何时期均能发生。叶片感病最多，果实一般不易感病。叶片发病初期，正、反两面均产生白色近圆形的粉状斑点，温度适宜时，斑点迅速扩大成边缘不明显的大片白粉区，甚至布满整个叶片。病害逐渐由下往上蔓延，茎蔓和叶柄受害时，其上可见着生少量白粉。为害后期，白粉变为灰白色或红褐色，叶片枯黄卷缩，一般不出现坏死斑，也不脱落，严重时整株死亡。

（2）发病规律。有子囊菌纲白粉属目白粉菌科的二孢白粉菌及单丝壳白粉菌引起。其菌丝及分生孢子在病残体或杂草上越冬或越夏，当温度达到10~25℃、空气相对湿度为25%~75%时，分生孢子开始萌发，并借气流及雨水传播。高温干旱、高温高湿交替；施肥、灌水不当；植株过密，通风不良；光照不足，植株长势弱，均有利于病害的发生。

（3）综合防治。防治白粉病的关键是提早预防，减少病原。

①加强田间管理。选用抗病品种，实行轮作，培育壮苗，合理施肥、灌水，增强植株抗性。发病前的晴天上午，对叶片喷大量水，将白粉病分生孢子胀裂，又不至于因过分提高空气湿度而引起霜霉病；或用0.1%~0.2%的小苏打溶液喷雾，其

弱碱性可抑制多种真菌的滋生和蔓延；或喷施27%高酯膜乳油100倍液，在叶面上形成一层薄膜阻止病菌的侵入。发现病害产生，及时清除病残体。

②棚室消毒。定植前10~15天，用硫黄熏蒸消毒，每亩用硫黄粉300克、锯末500克，混匀后分几处放置，密闭棚膜，点燃熏蒸1夜后，揭帘通风。也可用45%百菌清烟剂，每亩用250克，分放几处，傍晚密闭棚室，点燃熏蒸1夜。熏蒸时，棚室内温度维持在20℃左右。

③化学防治。发病初期可喷施50%多菌灵可湿性粉剂800倍液，或75%百菌清可湿性粉剂600~800倍液，或25%三唑酮可湿性粉剂2 000倍液（不可连续使用），或50%甲基硫菌灵可湿性粉剂800倍液，或30%特富灵可湿性粉剂1 500~2 000倍液，或25%粉锈宁可湿性粉剂1 000~1 500倍液，或50%多硫胶悬剂300倍液，或50%硫黄胶悬剂300倍液，或30%特富灵可湿性粉剂1 500~2 000倍液，或20%敌硫酮胶悬剂800倍液，各种药剂轮流使用，防止病菌产生抗性。每7~10天喷1次，连续2~3次。

8. 蔓枯病

（1）发病特征。多发生在黄瓜茎上任意部位。叶片感病后，出现淡褐色至黄褐色圆形病斑，病斑自叶缘向内呈“V”形，直径10~35毫米，干燥时易破碎，其上着生大量小黑点。茎部病斑初为圆形或梭形油浸状，呈白色凹陷状，能溢出琥珀色胶状物，后期病茎变为红褐色干裂，严重时茎蔓腐烂，整株死亡。

（2）发病规律。由侵染引起的真菌性病害，其病菌附着

在病残体、种皮表面越冬，借助水流传播，温度为 18～25℃，相对空气湿度在 85%以上时，病菌开始侵染植株。高温高湿、通风不良、施肥不当、重茬、植株长势差等条件均易发病。

（3）综合防治。发病初期喷洒 75%百菌清可湿性粉剂 600 倍液，或百可得 800 倍液，或甲基托布津 600 倍液，或 65%代森锌可湿性粉剂 500 倍液，或 50%多菌灵可湿性粉剂 500 倍液，或 10%苯醚甲环唑水分散粒剂 1 000～1 500 倍液，每 7～10 天喷 1 次，连续 2～3 次。

9. **细菌性角斑病**　是设施栽培黄瓜常见病害，主要为害叶片，也可为害茎蔓和果实。

（1）发病特征。幼苗和成株均可感病。子叶染病，初成水浸状近圆形淡褐色凹陷斑点，由于受叶脉限制病斑多呈三角形，边缘有油渍状晕环，干后有白痕。病部质脆，易开裂或脱落成穿孔。茎、叶柄、卷须受害时，初现的水浸状小点沿茎沟纵向扩展，呈短条状，湿度大时也产生乳白色混浊水珠状菌脓（油渍状晕环）。感病严重的，病斑纵向开裂呈水浸状腐烂，最后变褐干枯，留白色残痕。被为害瓜条，初期症状与叶片相似，常伴有软腐细菌侵染，最后呈黄褐色腐烂，有臭味。病菌也可侵入种子，使种子带菌，引起幼苗软化死亡。

（2）发病规律。由丁香假单胞杆菌属黄瓜角斑病细菌引起。其病菌潜伏在种子内外越冬，存活期长达 1～2 年，当条件适宜时，通过雨水、昆虫等途径传播，由伤口或气孔侵入。低温、高湿是引起发病的重要因素。10～30℃时可发病，24～28℃是发病最适宜温度，适宜空气湿度为 70%以上，病斑大小与湿度有关。棚室内温度低，结露重，持续时间长的发病重，

病斑大而且典型。

（3）综合防治。

①种子消毒。播前用50~55℃温水浸种15~20分钟，或用冰醋酸浸泡30分钟，或40%福尔马林150倍液浸种1.5小时，清水冲净后，催芽播种。

②化学防治。发病初期喷洒农用链霉素200~250毫克/千克，或30%DT杀菌剂500~600倍液，或14%络氨铜水剂350~400倍液，或30%琥胶肥酸铜可湿性粉剂500倍液，或50%丁、戊、己二酸络铜可湿性粉剂500~600倍液，或50%甲霜铜可湿性粉剂600倍液，或77%可杀得可湿性微粒剂400倍液，或72%农用硫酸链霉素可湿性粉剂4 000倍液，或新植霉素1 000万单位每亩，或40%CT杀菌剂。7~10天喷1次，连续3~4次。

10. 菌核病 露地和保护地均可发生，主要为害黄瓜果实和茎蔓。

（1）发病特征。在黄瓜各个生长时期均可发生。苗期感病时，茎基部先产生水浸状小病斑，病斑迅速绕茎蔓延，致使幼茎环腐，幼苗倒伏。成株期茎部发病，多出现在茎蔓中下部离地面5~100厘米的分杈处，茎部呈褪绿色水浸状，黄褐色软腐，着生白色棉絮状菌丝体，菌丝在茎表皮和髓腔内形成黑色菌核，最后病部以上茎蔓枯死。病叶残花脱落引起叶片感染，进而蔓延至叶柄和瓜条。受害瓜条呈水浸状扩展软腐，随后全果腐烂，与茎蔓病症相似。

（2）发病规律。由子囊菌类的核盘菌属真菌核盘菌引起。其病菌在棚室内土壤或种子表面越冬，翌年萌发产生子囊盘，

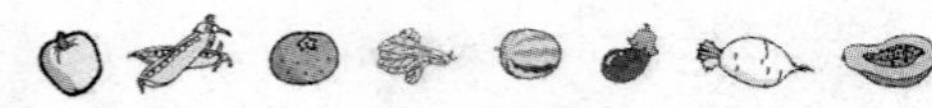

放出子囊孢子，随气流传播。从老叶或残花侵入，随着病残体的脱落，引发新的茎、叶、果发病。高湿是引起发病的首要条件，相对湿度在95%以上，温度在10~30℃均能发病，湿度低于65%时，停止发病。连作，低温高湿，栽植密度大，通风不良等条件下发病快且发病严重。

（3）综合防治。菌核病防治难度较大，要采取以防为主，防治结合的综合防治措施。

①加强田间管理。与葱蒜类蔬菜作物实行2~3年以上轮作，减少菌核积累；前茬作物收获后，深翻土壤，抑制子囊盘出土，最好在播种和定植前进行土壤消毒；播种前用温汤浸种，或用10%盐水漂洗2~3次；采用配方施肥技术，增强植株抗病能力；定植后覆地膜，增温降湿，抑制菌核萌发；晴天上午浇水，下午及时通风排湿，控制病害发展；及时摘除老病叶，增强通风透光，减少病害蔓延。

②化学防治。发病初期可选用50%多菌灵可湿性粉剂500倍液，或50%速克灵1 000~1 500倍液，或40%核菌清利1 000~1 500倍液，或50%农利灵1 000倍液，或50%扑海因1 000倍液，或70%甲基托布津800~1 000倍液。7~10天喷1次，连续3~4次，主要喷施在基部茎、叶，土表和瓜条上。也可采用烟雾或喷雾法防治：每亩用0.3千克10%速克灵烟雾剂或45%百菌清烟雾剂，8~10天熏蒸1次，或每亩喷洒1千克5%百菌清粉尘。

六、绿色黄瓜虫害的标准化防治技术

（一）农业防治

保持田园清洁，收获后及时清除田间的残枝败叶及杂草，深埋或烧掉。深秋或初冬，深翻土地，将土壤内潜藏病虫暴露于地表，使其被冻死、风干或被天敌啄食、寄生等。培育无虫壮苗，增强植株抗性。调节适宜温度，避免低温和高温伤害。科学施肥，平衡施肥，增施腐熟的有机肥。

（二）物理防治

利用白粉虱、蚜虫、潜叶蝇等成虫对黄色有强烈的趋性这一特征，在保护地内设置黄板进行诱杀；利用蝼蛄、地老虎、蛴螬等趋光性，可在晚上设置黑光灯或频振式杀虫灯进行灯光诱杀；也可用银灰色薄膜或银色遮阳网驱避蚜虫。

（三）生物防治

通过在保护地中释放害虫天敌进行防治。例如，释放丽蚜小蜂防治温室白粉虱和烟粉虱，释放潜蝇茧蜂、绿姬小蜂、双雕姬小蜂等防治美洲斑潜蝇，释放蜘蛛、赤眼蜂等控制斜纹夜蛾为害。

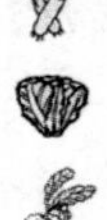

（四）化学防治

结合农业防治、物理防治和生物防治，用化学药剂进行辅

助防治，用药要准确，浓度要适当，防治要早，注意轮换、交替用药，严格掌握药量及用药时期，达到绿色黄瓜生产农药使用要求。

（五）综合防治

1. 蚜虫　俗称腻虫、油汗、蜜虫，为害许多种类作物。

（1）为害症状。蚜虫以成虫及若虫常密集于叶背及嫩茎上刺吸汁液，破坏叶片细胞，同时还能排出蜜露，诱发烟煤病，招引蚂蚁，加重病害，影响黄瓜的光合作用。黄瓜苗期受害后叶片向北面卷曲皱缩，秧苗停止生长，最终萎蔫枯死；成株期染病，老叶提前脱落，缩短结瓜期，造成减产。

（2）发生规律。其卵附着在寄主上越冬，或设施蔬菜上繁衍生殖，辗转为害。温暖干旱有利于蚜虫的生长繁殖，当温度高于25~27℃、相对空气湿度在75%上时，生长繁殖受到抑制。

（3）防治措施。

①农业防治。清洁田园，深埋或烧毁残株落叶，减少虫源。

②物理防治。悬挂黄色黏虫板进行诱杀，或张挂银膜驱避蚜虫。也可以将废旧的纤维板或硬纸板截成小块，大小同黄板，涂上黄色油漆，晾干，再涂上一层黏油（10号机油与少许黄油调匀），均匀悬挂于行间，与植株同高，每亩悬挂32~34块。

③生物防治。人工引入蚜虫蜂、食蚜蝇、草蛉、瓢虫等天敌捕杀蚜虫。为防止瓢虫迁飞，可将瓢虫的后翅剪除1/3或划破。

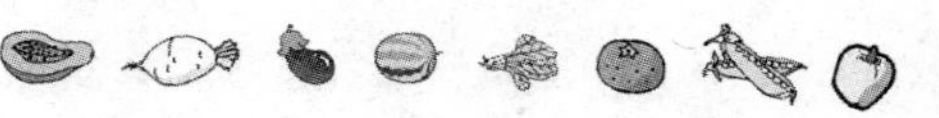

④药剂熏蒸。傍晚密闭棚室，每亩用350克22%敌敌畏烟剂，或杀瓜蚜烟剂1号，或熏蚜颗粒剂2号，分成4~5堆，暗火点燃，熏蒸3小时以上。

⑤化学防治。蚜虫发生初期，用灭杀毙6 000倍液，或20%灭扫利乳油2 000倍液，或25%顺式氯氰菊酯乳油3 000倍液，或2.5%功夫乳油4 000倍液，或40%乐果乳剂2 000倍液，或50%辛硫磷乳油2 000倍液，喷雾灭杀。每周喷1次，连续2~3次，喷洒时尽量对准叶背，将药液喷到虫体上。

2. 美洲斑潜蝇 世界性检疫性虫害。

（1）为害症状。叶片受害处，有一条条虫道，仅剩上下表皮，其叶肉被幼虫蚕食。严重时，叶片萎蔫枯死，严重影响光合作用和瓜条产量。

（2）发生规律。其蛹在寄主内越冬，春天羽化，交尾后将卵产在叶缘组织内，孵化后在叶内蚕食。

（3）防治措施。

①农业防治。加强检疫，严禁从疫区引种；将前茬病残体掩埋、堆沤，培育无虫幼苗，在定植和播种前对棚室进行熏蒸消毒；合理安排茬口，根据美洲斑潜蝇的食性，种植韭菜、甘蓝、菠菜等非寄主植物或非喜食性植物；深耕20厘米以上或灌水浸泡也能消灭蝇蛹；及时摘除被害组织。

②物理防治。利用黄板诱杀或高温闷棚。黄板诱杀同蚜虫。闷棚前1天浇透水，翌日闭棚升温，温度保持在45℃，2小时后通风降温，防治效果达95%以上。

③生物防治。在棚室内释放潜蝇姬小蜂、瓜颚茧蜂、潜蝇茧蜂等天敌，均寄生幼虫。此外，小花蝽、蓟马等幼虫寄生率

也较高。

④化学防治。选择在初龄幼虫、成虫高峰期和卵孵化盛期，尽可能使用无污染或污染少的农药。例如用植物性农药6%绿浪水剂1 000倍液，或抗生素农药1.8%爱福丁，或1.8%虫螨克乳油2 000~3 000倍液，或10%氯氰菊酯2 000~3 000倍液，或48%乐斯本乳油1 000倍液，或40%敌敌畏乳油1 000~1 500倍液，或18%杀虫双水剂300倍液，或5%氟虫脲乳油1 000~2 000倍液，或98%巴丹可溶性粉剂1 500倍液，或20%康复多浓可溶剂2 000倍液，或25%顺式氯氰菊酯乳油3 000倍液喷雾。

3. **白粉虱**　俗称小白蛾，是北方地区温室和露地黄瓜常见虫害，并有扩大蔓延趋势。

（1）为害症状。其成虫和若虫常群居于幼叶叶背，刺吸汁液，阻止叶片生长，使叶片褪绿变黄，影响植株光合作用，严重时植株萎蔫、死亡。同时，还分泌大量蜜露，堵塞叶片气孔，引起煤污病的发生。此外，白粉虱还可传播病毒病，降低瓜条的商品价值，减少黄瓜产量。

（2）发生规律。北方冬季，白粉虱靠日光温室或加温温室的植物越冬，春季通过菜苗移栽或随气流传播到露地菜田，秋季发生量达到最大，不良气候对其无明显影响，恶性循环，周年发生。开始为害时，多呈点片发生。

（3）防治措施。

①农业防治。彻底清除前茬作物枯枝、残叶、杂草，清洁棚室；培育无虫、无卵秧苗；合理轮作，前茬种植非白粉虱喜食的作物，如芹菜、蒜黄、菠菜、韭菜等。

②生物防治。白粉虱大量发生前人工繁殖、释放丽蚜小蜂，它能将卵产在白粉虱的卵和若虫体内，使之死亡。当白粉虱成虫没有大量发生时，每隔2周放1次，共放3次，可有效控制白粉虱为害。此外，中华草蛉、粉虱座壳孢菌等均为白粉虱的有力天敌。

③物理防治。温室白粉虱对黄色有强烈趋性，可在温室内悬挂黄色黏虫板诱杀。当白粉虱粘满板面时，更换新的黄板或重涂黏油，每隔7~10天涂1次。

④化学防治。一是药剂熏蒸：在晴天傍晚，用22%敌敌畏烟剂与百菌清烟熏剂混匀，用暗火点燃，密闭棚室熏蒸，翌日清晨通风。每亩用0.5千克，或用80%敌敌畏乳油0.5千克，喷洒到锯末、稻草或秸秆上，点燃熏蒸。二是药剂喷雾：在白粉虱发生早期，可用10%扑虱灵乳油1 000倍液，或2.5%顺式氯氰菊酯乳油、50%辛硫磷乳油、40%乐果乳油1 000~2 000倍液，或20%速螨酮可湿性粉剂2 000倍液，或20%螨克乳油2 000倍液，或10%吡虫啉可湿性粉剂1 000~1 500倍液，或25%灭螨猛乳油1 000倍液，对白粉虱成虫、卵和若虫均有效。喷药最好在早晨进行，先喷叶片正面再喷叶片背面，使惊飞的白粉虱落到叶面触药而死。

4. 红蜘蛛　主要以成虫和若虫集中在瓜叶背面刺吸汁液。防治措施：

（1）农业防治。清除田间残株败叶及杂草，减少虫源。秋末将田间残株落叶烧毁，减少红蜘蛛越冬场所。开春后种植前清除田内、田边残余枝叶及杂草，消灭其越冬的虫源。

（2）化学防治。用20%双甲脒（螨克）乳油1 000倍液，

或73%克螨特乳油1 000~1 500倍液，或25%灭螨猛可湿性粉剂1 000~1 500倍液，或2.5%天王星乳油1 500倍液喷雾。要注意轮换使用不同类型药剂，以免产生抗药性。

5. 蛴螬类 俗称白地蚕、白土蚕，是金龟子幼虫的统称。

（1）为害症状。蛴螬潜伏土中，在地下活动，咬食蔬菜幼根、嫩茎、种子等地下部分，导致植株枯死，或发生缺株现象。其根茎断口整齐，伤口处易侵入病菌，诱发其他土传病害。

（2）发生规律。大黑鳃金龟子以成虫和幼虫在冻土层以下越冬，4月成虫开始出土，5、6月为盛期，7月以后停止出土。成虫出土后昼伏夜出，交尾后，将卵产在蔬菜根系较为疏松潮湿的土壤表面。刚孵化的幼虫以土壤中的腐殖质为食，然后啃食蔬菜根系，待秋季幼虫长到3龄时，食量增大，是为害高峰期。春季，越冬虫上移，为害蔬菜幼苗，是又一为害高峰期。

土壤温度与湿度是决定蛴螬发生的关键因素。蛴螬活动的最佳地温是14~22℃，当地温低于5℃时，幼虫转移至深土层。卵和幼虫发育的最佳土壤含水量为10%~20%。蛴螬对未腐熟的农家肥有强烈的趋性，因此施用未腐熟的有机肥将加重蛴螬为害。

（3）防治措施。

①农业防治。秋茬收获后，深翻土地，将土层深处的卵和幼虫翻到土表，经太阳照晒、风干、冷冻，或被天敌啄食寄生等；播种前撒施2.5%的敌百虫粉，每亩用2千克，然后整地；施肥前用塑料薄膜覆盖，提高堆沤温度，杀死肥料中的害虫，

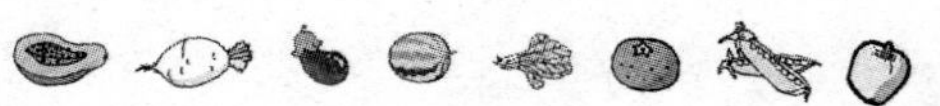

避免施用未充分腐熟的有机肥；在蛴螬活动初期，追施碳酸氢铵、腐殖酸铵、氨水、氨化过磷酸钙等化学肥料，散发出对蛴螬等地下害虫有驱避作用的氨气。

②物理防治。利用成虫的趋光性，在成虫盛发期，人工捕捉或用黑光灯诱杀。

③化学防治。虫害发生初期，可用30%敌百虫乳油500倍液，或50%辛硫磷乳油1 000倍液，或25%增效喹硫磷乳油1 000倍液浇灌，每亩用0.25千克兑水1 500~2 000千克。每种药剂在黄瓜的一个生育期内只能使用1次，且必须在安全间隔期后采收。

6. **蝼蛄** 又称地蝼蝼、土狗、蝲蝲蛄（拉拉蛄）。主要为害种子、幼芽和嫩茎。

（1）为害症状。其成虫和幼虫潜伏于土中，在土表上下钻行，使土壤中形成很多疏松的通道，幼苗根部与土壤分离，阻止根系对养分和水分的吸收，从而造成幼苗干枯致死，缺棵断垄。更重要的是，蝼蛄以幼苗根茎为食，其咬食伤口呈乱麻状。

（2）发生规律。蝼蛄主要有东方蝼蛄和单刺蝼蛄。东方蝼蛄的成虫比单刺蝼蛄要瘦小一些。

东方蝼蛄以成虫和若虫在深度为50厘米左右的土壤中越冬。越冬后，成虫在5月开始将卵产在28~30厘米的土室中，6~7月达到产卵盛期。卵孵化后要在翌年蜕皮2~3次后，才能羽化为成虫。随着气温上升，蝼蛄向土表上移，当气温升至10℃时，开始出土为害幼苗；在20厘米土壤温度达到15~26℃时，蝼蛄活动最为猖獗，为害最重。

单刺蝼蛄成虫和八龄以上若虫在深度为100～150厘米的土层中越冬。越冬成虫在4月中下旬至5月上旬开始活动，6月在15～30厘米的土室中产卵，卵孵化后在第3年8月上旬羽化为成虫。

蝼蛄成虫昼伏夜出，对麦糠、麸皮、马粪等有机物质有强烈的趋性，并有趋光性，但不喜欢重黏土壤。

（3）防治措施。

①农业防治。前茬蔬菜拉秧后，及时翻地，减少土壤中的虫和卵；施用有机肥料前要充分腐熟；秋收后，灌大水，并在结冰前深翻。

②物理防治。利用成虫的趋光性，用黑灯光或者频振式杀光灯进行灯光诱杀。

③化学防治。一是毒饵诱杀，将麦糠、麸皮、秕谷或豆饼炒香，按0.5%～1%的重量比，将90%敌百虫加水330～500倍，与诱饵拌匀。随播种或定植撒在播种沟和定植穴内，或者在无风闷热的傍晚撒施在菜田或苗床表土，每亩用量为1.5～2.5千克。二是喷雾或灌杀，为害初期，选用30%敌百虫乳油500倍液，或80%敌百虫可湿性粉剂1 000倍液，或25%增效喹硫磷乳油1 000倍液，或50%辛硫磷乳油1 000倍液喷洒、灌杀或撒毒土。

7. 地老虎类 又称土蚕、地蚕、黑土蚕、夜盗虫、切根虫。啃食植株茎部和叶肉。

（1）为害症状。幼龄幼虫昼夜啃食子叶、嫩叶及叶肉，在叶片上形成缺刻或米粒大小的空洞，仅残留表皮。3龄后幼虫昼伏夜出，咬断幼苗茎基，使幼苗枯死，造成缺棵断垄。小

地老虎幼虫还可钻入黄瓜果实，影响瓜条品质和产量。

（2）发生规律。地老虎有小地老虎、黄地老虎和八字地老虎3种。其中小地老虎为害最重，其幼虫体长略大于黄地老虎和八字地老虎。三者对黑光灯及糖醋都有较强趋性。2龄以下幼虫为害叶心，3龄以上幼虫有假死性和自残性，白天潜伏于地下3厘米处，夜间钻出地面，从植株茎基部咬断，拖入土中取食。

（3）防治措施。

①农业防治。收获后，清洁菜田及周围杂草，若发现1~2龄幼虫，应先喷药再除草，以免个别幼虫入土隐蔽。

②物理防治。主要有糖醋诱杀、草堆诱杀和黑光灯诱杀3种方法。糖醋诱杀时，加入糖6份、醋3份、白酒1份、水10份、90%敌百虫1份，摇匀即可。草堆诱杀即将鲜草堆放在田间，诱集田中地老虎幼虫，人工捕捉或拌药剂诱杀。

③化学防治。一是毒饵诱杀，可将麦糠、麸皮、秕谷或豆饼炒香，加入90%敌百虫30倍液0.15千克，再加适量水拌湿。制成的毒饵在无风闷热的傍晚，撒在菜田，每亩施用1.5~2.5千克。二是植株施药，3龄前幼虫抗药性差，是喷药的最佳时期，可采用21%灭杀毙6 000倍液，或2.5%溴氰菊酯或20%氰戊菊酯3 000倍液，或90%敌百虫800倍液，或辛硫磷800倍液喷雾。也可用2.5%敌百虫粉剂每亩2~2.5千克喷粉，或2.5%敌百虫粉剂拌细土撒施在根际附近，每亩用药1.5~2千克和10千克细土。

七、黄瓜常见生理性障碍及防治措施

（一）黄瓜花打顶

1. 症状　患病植株顶端紧聚，龙头不伸展，节间缩短，生长点停止生长，附近茎端密生小瓜纽或小叶片。开放大量雌花，形成花簇，不形成新叶，称为花打顶。

2. 原因　低温、浇水不当、营养不良和根系发育差等因素，使黄瓜叶片白天制造的养分不能正常运输到新生部位，从而造成营养生长速度慢于生殖生长。黄瓜同化物质运输需要13~16℃的夜温，当夜温低于10℃时，有50%左右的同化物质都积存在叶片中，影响叶片正常的光合作用，时间过久，养分积累使叶片皱缩，呈凹凸不平状，而生长点营养严重缺乏，就使植株矮化形成花打顶。除此之外，苗期土壤水分过多，不利于根系生长发育；移栽或中耕伤根；定植后浇水过少，土壤浓度大，影响根系吸收营养等不利于根系生长的因素，也可诱发花打顶。

3. 防治措施　最好采用营养钵或穴盘育苗，便于移栽时取苗；植株生长前期，做好温湿度管理，切忌高湿低温，移栽苗龄要适当，不能过分强调“长龄大苗”；定植前浇水，减少伤根；追肥适量，避免烧根；植株生长期，注意加强保温，特别是要提高低夜温；适量浇水，不可控水过度；不用或少用带有激素类药物；适当摘除雌花及大小瓜纽，促进植株生长。

（二）黄瓜畸形瓜

1. 症状 常见瓜条膨大不均匀，呈畸形状。常见的畸形瓜有弯曲瓜、尖嘴瓜、大肚瓜、蜂腰瓜。

2. 原因 有机械畸形和生理畸形两种因素。前者主要指由于支架或绑蔓技术不良，使瓜条在生长时受到叶柄或茎蔓的约束，不能正常下垂而形成的弯曲瓜。后者包括日照不足、水肥不充分、植株老化形成的弯曲瓜；由授粉或高温干燥引起的尖嘴瓜；温度过高、植株生长衰弱、多条瓜竞争养分引起的细腰瓜；以及养分供不应求，瓜条种子膨大不良引起的大肚瓜。

3. 防治措施 绑蔓和缠蔓时稍加注意，避免缠入叶柄；加强水肥管理，增施腐熟有机肥，适时中耕，延缓植株衰老，结瓜盛期，注意浇水与施肥比例；防止白天持续高温（30℃以上），空气湿度适中；人工辅助授粉，提高授粉质量；及时摘除老叶、病叶、卷须和畸形瓜，增大透光量，减少营养损耗。

（三）黄瓜化瓜

1. 症状 患病植株叶片颜色变浅，叶肉变薄，雌花和幼瓜没有发育到商品瓜大小就停止生长而黄化、脱落的现象。保护地栽培黄瓜常有“化瓜”现象发生，严重时造成大幅度减产。

2. 原因 一是品种结实能力差。二是结瓜期遇连续阴雨及低温，光照条件差，光合作用不足，根系吸收养分少，造成雌花或瓜条营养不良。三是冬季棚室封闭过严，空气不流通，二氧化碳含量不足，不能满足光合作用的需要。四是瓜码太

密，多条瓜同时生长，果实间争夺养分造成。

3. 防治措施　保持棚膜洁净，增大透光量，需要时进行人工补光；增施二氧化碳气肥，满足光合作用需求；严控棚室条件，适当降低夜温，加大昼夜温差；加强水肥管理，及时采瓜。

（四）苦味瓜

1. 症状　商品瓜有苦味。

2. 原因　品种本身有苦味，低温条件或氮肥施用过多，磷、钾肥不足均能形成苦味瓜。

3. 防治措施　选择无苦味的品种；早春大棚栽培时，加强温度管理；栽培中减少氮肥使用量，增加磷、钾肥的使用量。

八、绿色黄瓜的标准化制种技术

黄瓜种子的质量、品质能否得到良好保证，关系到黄瓜种植产量、品质、产品价值以及经济效益的好坏。黄瓜种子的标准化生产技术按照农业部颁发的《黄瓜种子繁育技术规程》（NY/T 1214—2006）执行。

（一）原种标准化生产

原种是良种繁育的基础，生产用种子的质量主要取决于原种质量和生产技术。黄瓜作为异花授粉的作物，其主要靠昆虫传粉，然而蜜蜂的活动能力极强，一般飞行距离达到

1.6千米。一般情况下，不同类型的黄瓜杂交率可高达70%左右。这种杂交率的变化，是随着距离的增加而减少，特别是当其中有障碍物时，杂交率更小。黄瓜原种标准化生产一般包括常规原种生产、雌性系生产、自交系生产。

原种标准化生产对原种的要求是具有典型性和一致性，以及99.9%以上的高纯度。典型性是指必须具备原种生长势、抗逆性、成熟性等典型特征；一致性是指发芽率、千粒重、净度、成熟度和饱满度与原种保持一致。此外，还要加强病原物检测，特别是检疫对象的病虫害。为了达到以上要求，凡育出优质的原种，制种公司要具有熟悉原种的专业技术人员鉴定品种；具备良好的原种繁育和隔离条件；掌握黄瓜生产栽培技术，要严格按照黄瓜生产技术操作程序执行，必须对培养出的原种进行检测，以保证种子质量。

1. 常规原种生产 原种生产的方式多种多样，但具体看来可以概括为以下两种：一是由原种的种子直接繁殖，另一种是采用三圃制法。

三圃制法的基本操作程序是：单株选择—株形鉴定—株系比较—混系繁殖。

（1）单株选择。包括初选、复选和决选3个过程。

①初选。初选过程需要对原始群体进行海选，因此数量比较大，一般不得低于300株。当植株出现雌花时，选择具有原始植株特性的单株，并予以标记，雌花、雄花开放前1天下午，在初选单株上选择充分发育但未开放的雌、雄花花蕾，不得让其自然开放，即将其花冠夹住。翌日，待雄花开始散粉时，采下雄花，放开雌花花冠，并将雄花的花粉均匀涂抹在雌

花（一般选择第2、第3朵雌花）的花柱上，随后再将雌花花冠夹住，避免二次授粉。并给予标记——注明植株授粉时间，然后摘除植株上其他雄花。

②复选。被初选授粉后的植株上的瓜长至成品时，再进行复选。根据瓜条的品质、性状、特征对其进行淘汰，并剔除发育缓慢、坐果率低、病虫害严重、抗逆性差的单株。

③决选。复选后被选上的植株让其继续发育，至生理成熟时再进行决选。根据瓜的色泽、品质和网纹特征淘汰不符合要求的单株，并剔除发育不良、因各种病害死亡的单株。然而，性状表现多样的品种可连续进行单株选择，直至3代以后。

（2）株形鉴定。把得到的决选单株交由具有专业鉴别品种能力的单位，由专业水平技术人员鉴定种子纯度。

（3）株系比较与选择。对通过鉴定的植株进行栽培比较。每一株系品种的植株不得少于30株，对其进行隔离栽培。然后，采用株系内混合授粉，在瓜条成熟后进行细选，剔除与原品种差异显著的株系，将入选株系的种瓜采收后，混合保存，作为翌年的原种。

（4）混系繁殖。将最终入选的植株再一次进行隔离种植，隔离方法可通过自然隔离区纱网棚或自然隔离，但自然隔离距离不得小于2 000米，自然隔离区通过自然授粉，网棚内采用昆虫授粉或人工授粉。瓜成熟后种瓜采收时要进行分类，淘汰病株、劣株和杂株，最后生产常规原种。

2. 雌性系生产　主要方法是用化学诱雄法。首先是硝酸银诱雄法，在繁殖的黄瓜雌性系幼苗长到2叶1心或3叶1心时，对1/3的植株喷350毫升左右的硝酸银或硫代硝酸银，隔

1周再喷1次，发现早出雄花的植株及其异株随时摘除，用诱雄株上的雄花花粉授粉。也可用赤霉素诱雄法，在苗期2~4片真叶时用1 000~2 000毫克/升的赤霉素（GA3）溶液喷生长点及叶面1~2次，每次间隔1~2周。开花前将未喷药行中的有雄杂株拔除干净，开花后昆虫传粉或人工辅助授粉，每株留2~3条种瓜，成熟后混合收获留种。

种瓜授粉约45天后，整条种瓜全部变黄、变软时及时采种。清除瓜型和颜色不一样的。然后，1周后选晴天抛开种瓜，将种子取出放入非金属容器中发酵1昼夜，发酵温度一般在25℃左右，发酵后充分揉搓，并用清水洗净，再放在尼龙筛上置于通风、阴凉、干燥处晾干，避免发芽。切记，请勿直接在水泥地上或其他金属上晾晒，防治烫伤，降低发芽率。注意防潮、防虫、防鼠，做好精选工作。

3. 自交系生产 在自交系生产过程中，也需隔离，隔离方法同上。在苗期、花期、成熟期和瓜条收获前分次淘汰病株、劣株和杂株。

（二）一代杂种生产

黄瓜一代杂交种生产主要有三种方式：利用自交系人工杂交制种、利用雌性系制种、化学去雄自然杂交制种。目前生产中主要是利用自交系人工杂交制种和雌性系制种。

1. 利用自交系人工杂交制种 黄瓜人工杂交制种是将两个高代自交纯化的自交系，采用隔离，人工授粉的方式。黄瓜不同品种间隔离1 000米，种子田周围200米也不能栽种其他瓜类作物，以免这些瓜类作物的花粉刺激黄瓜单性结实。

目前，黄瓜杂交制种隔离方式有自然隔离露地制种和网室大棚隔离制种两种。

（1）自然隔离露地制种。及时清杂，检查田间父母本，拔除杂株。授粉前，清除干净母本株上每个叶腋的雄花，摘除已经开过的雌花和幼果。把第2天能开放的雌花套纸帽或将其花冠夹住，第2天上午8时采下雄花，开始授粉，授粉后仍然套纸帽、做标记。每株授粉雌花3~6个，留瓜2~3个。

（2）网室大棚隔离制种。选择当天开放的雄花，折弯花冠，使花药充分暴露，并将其涂抹于当天开放的雌花柱头上，做上标记，每单株授粉3~6个雌花，留瓜2~3个。

授粉后5~7天，检查并摘除授粉不良的种瓜。授粉结束后及时清除没有授粉的雌花。授粉后40~50天，种瓜达到生理成熟即可采收。将采收种瓜置于阴凉处后熟1周后，选晴天抛开种瓜，将种子取出放入非金属容器中发酵1昼夜，发酵温度一般在25℃左右，发酵后充分揉搓，并用清水洗净，然后放在尼龙筛上置于通风阴凉干燥处晾干，避免发芽。切记，请勿直接在水泥地上或其他金属上晾晒，防止烫伤而降低发芽率。

2. 利用雌性系制种　利用雌性系作母本进行杂交制种，可以不用去雄和化学杀雄，降低制种成本。田间自然隔离距离在1 500米以上，父母本比例为1∶(3~6)，父本集中种植在田块一侧，方便采集花粉。在开花前，认真检查和拔除雌性系中有雄花的杂株，以免产生假杂株。为了提高种子质量和产量，进行人工辅助授粉。

3. 化学去雄自然杂交制种　自然隔离距离在1 000米以

上，母本和父本按3∶1的行比种植。在黄瓜花芽分化开始（在出苗后10天左右）但性型尚未确定时，喷施乙烯利抑制雄蕊原基发育，而雌蕊原基继续正常发育，形成雌花。具体操作过程：当黄瓜第1片真叶展开时，用浓度200～300毫克/升的乙烯利喷洒幼苗叶面；2～3片真叶时喷第2次，浓度为150毫克/升；4～5天后喷第3次，浓度为100毫克/升。植株经3次处理后，20节以下的花基本上都是雌花，与父本自然授粉杂交，在母本植株上收获杂交种子。

在此过程中，要经常检查摘除母本株上的少量雄花，进行人工辅助去雄。

九、绿色黄瓜的标准化贮藏与保鲜

现代新农业的建设，离不开产销衔接，只有发挥流通对生产的引导作用，才能使农业增效、农民增收。然而黄瓜含水量高，质地脆嫩，代谢旺盛，外皮保水能力差，采收后营养物质消耗很快，极易失水萎蔫。黄瓜是贮藏难度较大的蔬菜之一，黄瓜在贮运期间，叶绿素会逐渐分解，瓜皮褪绿变黄。由于上述特性，使得黄瓜产销衔接困难，流通受阻，经济效益降低。因此，要提高黄瓜的经济效益，就要做好黄瓜的采收、贮藏、运输工作。这就要求瓜农朋友按照黄瓜果实发育程度及时而无损地采收，按照农业部制定的黄瓜等级规格标准进行分级，采用软纸包装，适宜的贮藏和运输，才能保证黄瓜新鲜和优良的品质，达到黄瓜标准化生产目标，最终实现社会效益、生态效益和经济效益全面丰收。

（一）黄瓜的生理特点

黄瓜又名青瓜、胡瓜，原产印度及东南亚热带地区，供食用的是脆嫩果实，含水量很高。黄瓜有五大生理特点：一是易失水变软。黄瓜在低于相对湿度95%的环境中，就会很快失水变软。因此要特别注意保水措施。二是易失水失鲜。黄瓜采收后在常温下存放几天就开始衰老，表皮由绿色逐渐变成黄色，瓜的头部因种子继续发育而逐渐膨大，尾部组织萎缩变糠，瓜形变成棒槌状，果肉绵软，酸度增高，食用品质显著下降。三是易伤易烂。黄瓜质地脆嫩，易受机械损伤，瓜刺（刺瓜类型）易碰脱，形成伤口流出汁液，从而感染病菌引起腐烂。四是呼吸强度高。黄瓜呼吸速率较高，虽没有呼吸高峰的出现，但黄瓜对乙烯极为敏感，每立方米有1毫升乙烯，就会使黄瓜在一天之内褪绿变黄，瓜柄一端最为明显。五是易受细菌微生物侵害。黄瓜贮藏中引起腐烂的主要病害有黄瓜炭疽病、黄瓜灰霉病、黄瓜绵腐病等，在黄瓜的贮藏中危害极大。

（二）黄瓜的采收及分级

黄瓜采收是否及时合理，直接影响到果实商品品质、市场价格、植株生长和其他部位果实的发育状况。因此，果实的采收就显得尤为重要。合适的采收标准是粗细均匀、无白线的直条黄瓜。采收时间主要取决于栽培品种的遗传性，与植株开花后的天数、果实的用途、发育程度和运输距离的远近等方面有关。

黄瓜品质的好坏直接影响到它的市场价值和市场前景，正所谓优质优价优前景。但黄瓜在生产过程中，受各种各样的因素影响，品质差异很大，很难做到形状、大小、色泽等规格整齐一致。为了使黄瓜能优质优价，市场良好运营，黄瓜的品质、形状、色泽、大小分级就显得尤为重要。分级的意义在于分级后产品在品质、色泽、清洁度、成熟度、大小等方面基本一致，便于长途运输和长期贮藏时的管理，减少损耗，也便于制订价格，如果品质杂乱会造成很多不利。例如，成熟黄瓜与嫩黄瓜放在一起，成熟黄瓜会释放乙烯，催熟嫩瓜，使其变糠萎蔫，影响商品价值，造成经济损失。对此，农业部颁发了《黄瓜等级规格》（NY/T 578—2002）执行标准，见表 2-10。

表 2-10　黄瓜等级规格

项目		等级		
		一等品	二等品	三等品
品质要求	品种	同一品种		相似品种
	成熟度	种子完全形成、瓜肉中未呈现木质脉径		种子开始形成，但不坚硬，瓜肉中开始呈现木质脉径
	新鲜	表面有光泽、不脱水、无皱缩，质地脆嫩		表面稍有光泽，稍有脱水，质地较脆
	瓜色	具有本品种应有的色泽，瓜色均匀，近瓜蒂部无黄色条纹或条纹不明显	具有本品种应有的色泽，瓜色较均匀，近瓜蒂部无较明显黄色条纹	基本具有本品种应有的色泽，近瓜蒂部黄色条纹明显

续表

项目		等级		
		一等品	二等品	三等品
品质要求	瓜形	瓜条无膨大、细缩部分，瓜条匀直，每10厘米瓜身最大弯曲度不大于1厘米，瓜把长度不大于瓜长的1/7	瓜无明显膨大、细缩部分，瓜条较直，每10厘米瓜身最大弯曲度不大于1.5厘米，瓜把长度不大于瓜长的1/6	瓜条有明显、细缩部分，瓜条尚直，每10厘米瓜身最大弯曲度不大于2厘米，瓜把长度不大于瓜长的1/5
	整齐度	≥90%	≥85%	≥80%
	病虫害	无	不明显	不严重
	机械伤	无	不明显	不严重
品质要求	清洁	清洁		
	异味	无		
	冻害	无		
	冷害	无		
	腐烂	无		
规格	特长瓜	瓜条长度≥35厘米		
	长瓜	25厘米≤瓜条长度＜35厘米		
	中长瓜	15厘米≤瓜条长度＜25厘米		
	短瓜	瓜条长度＜15厘米		
限度		每批样品中品质要求总不合格率不应超过5%，不合格部分应该达到二等品标准	每批样品中品质要求总不合格率不应超过10%，不合格部分应该达到三等品标准	每批样品中品质要求总不合格率不应超过15%

注：腐烂、冻害、异味和病虫害为主要缺陷。

分级方法：采摘后，黄瓜品质良莠不齐，难以树立良好的商品信誉。因此，采摘时将各级产品分别放置，剔除有病、虫害及等外果实是非常重要的。分级的方法有机械操作和手工操作，按不同品种、大小、等级分别包装。现在大多数公司都采用机械分级，因为机械分级可以根据黄瓜的颜色、重量精确地完成筛选，工作效率和分选精度大大提高，但投资较大。与机械分级相比，虽然精细操作可以避免使瓜条受到机械损伤，但人工分级效率低，误差大。

在国家颁布的黄瓜等级和规格划分行业标准中，还规定了黄瓜果实各外观指标的取样和检测方法。标准中规定，检测果实的取样方法按照国家标准 GB/T 8855 中的有关规定执行。外观指标中品质特征、成熟度、新鲜度、色泽度、整齐度、异味、清洁、冷害、腐烂、瓜把、瓜形、病虫害及机械伤等指标用目测法检验。病虫害不明显时可以取样果解剖检验；果实成熟度采用解剖法目测；异味采用嗅觉鉴定法检验；最大弯曲度为瓜身弯曲最大部位内侧至瓜两端连线的垂直距离。标准中还规定了黄瓜品质在不同等级间的限度范围。

（三）黄瓜的贮藏方法

黄瓜的贮藏方法多样，贮藏方法的好坏，都与外界环境条件紧密相关。适宜的温、湿、气体条件是保证贮藏质量的关键。

（1）温度。黄瓜贮藏的最适温度在10℃左右，温度过低，黄瓜会出现冷害，初期表现为凹陷斑和水浸斑，瓜条头部最为明显。从而整个瓜条失水、变软、萎缩直至腐烂。这些症状一

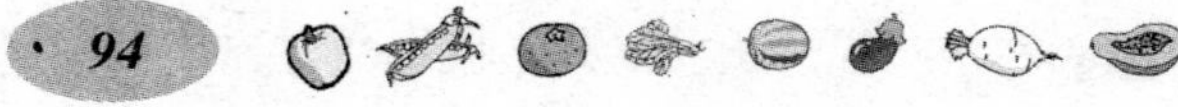

般在温度回升后表现最为明显。同样，温度过高也会造成黄瓜快速失水，变黄、老化。因此，具有较好制冷性能的冷库是贮藏黄瓜的理想场所。

（2）湿度。黄瓜含水量高，新陈代谢旺盛，保护组织不完善，容易失水，因此，黄瓜对空气相对湿度要求较高，可用塑料薄膜包装使其保持在95%以上，最为理想。

（3）气体。黄瓜是最难贮藏的蔬菜之一，对气体要求严格，特别是对乙烯最为敏感。接触乙烯后，瓜条会在短时间内变软、萎蔫，不利于贮藏。因此，贮藏中应使用乙烯吸收剂脱除乙烯，以延缓黄瓜衰老，同时加入适量的二氧化碳，减缓黄瓜的有氧呼吸，也可以有效延缓瓜条老化，延长贮藏期和运输期。

1. 冷库贮藏法　冷库是黄瓜贮藏的理想场所。要求冷库的贮藏温度为12~13℃，相对湿度控制在90%~95%。贮藏时应保持温度的稳定，时时检测冷库温度，低于10℃极易产生冷害，高于15℃又易老化腐烂、变黄。冷库贮藏法存在的缺点：一是缺少脱除乙烯的有效手段，缩短黄瓜保鲜期。二是缺少有效的灭菌防腐手段，易引起黄瓜的腐烂、变质。三是缺少脱除二氧化碳的技术手段。

2. 气调贮藏法　是在贮藏库中加入氧气和二氧化碳，从而降低黄瓜的呼吸作用。一般使贮藏库中的氧气和二氧化碳含量均保持在2%~5%，温度控制在10~13℃。用乙烯吸收剂脱去乙烯，并在黄瓜表面涂上0.1%甲基硫菌灵加1∶4虫胶水加3 000毫克/升的苯来特、托布津。用塑料薄膜帐封严，每隔2天向帐内充入过氧化氢消毒，减少病害感染，延长贮藏期。

XQK—B 半地下式小气调贮藏保鲜技术，是充分利用自然冷能，配合小气调保鲜设备，对黄瓜进行贮藏保鲜，节约成本，保鲜性能好，经济实用。气调贮藏的缺点是气调库贮藏往往会增加冷害症状。解决方法是使用时要严格控制温度，保证温度恒定。

黄瓜气调贮藏应采取以下措施：库内控制温度，温差要小，一般在 12℃左右（上下相差 1℃）；快速降氧，使氧气保持在 2%~5%。

3. 缸藏法 适用于霜降前后采收的黄瓜。采摘前先将缸洗净，并用适量的过氧化氢消毒，在缸底装清水，水深一般在 15 厘米左右，水面上 8 厘米处，放上透气性木板，上面铺上草席。将黄瓜沿缸壁转圈平放，放置缸口 10 厘米左右时，不再摆放，也可以在缸口处交错摆放黄瓜，以利于缸内热量散失。缸口用牛皮纸封上，用绳捆好，或用麻袋加盖石板，置于阴凉处，天气转冷后，为防止缸内水结冰，应将缸埋入地下一半，或将缸四周用稻草捆严，天气再冷时，缸的四周再用大量废旧被褥包裹，或埋土，保持缸内温度在 10℃左右。每隔 4 天左右检查 1 次，此方法可贮藏 65 天以上。缺点是温度难以把握，低温时期容易发生冷害。

4. 涂膜保鲜法 加入适量蔗糖、脂肪酸酯和水，加热至 70℃左右时搅拌溶解，并缓慢加入海藻酸钠，继续搅拌致使充分溶解，冷却至 25℃左右，备用。将黄瓜浸泡至溶液中，30 秒后取出，自然晾干，用薄膜袋包装置于室温下贮藏，此法可藏 10 天以上。方法简单可行，但贮藏时间较短，不利于长期贮藏。

5. **升华脱水法**　冷冻黄瓜后置于高度真空的密封舱内，气压1 025毫帕。在此环境下，可使黄瓜升华脱水，处理后不影响黄瓜外观品质和风味，且可长期保存。缺点是操作复杂，对仪器精度要求较高，成本高，不宜普及。

6. **通风库贮藏法**　深秋冬季黄瓜采收时较为适用。贮藏前，先用硫黄、乙霉威、过氧化氢、氯气等消毒贮藏仓库，然后将黄瓜装入塑料袋内，放入库房，起到保温保湿和调气作用。可以在放架前用乙烯袋分装黄瓜，密闭袋口。也可先上架，再在架上、下分别铺盖一层塑料膜保湿。还可在装箱码堆后，套上塑料，封严。塑料袋内应加入乙烯吸收剂。当二氧化碳含量高于5%、氧气低于5%时，开口通风换气。此后要经常检查温度、空气相对湿度和黄瓜，以免腐烂损失。

7. **塑料薄膜贮藏法**　塑料薄膜贮藏形式多样，将黄瓜直接装入塑料袋中，每袋2千克左右，密封后装箱；或先将塑料薄膜平铺于箱内，再装入黄瓜，封严；或将黄瓜直接放于箱内，然后用薄膜把黄瓜封箱；或在阴凉墙角处，放一草席，将黄瓜码成堆，然后用塑料薄膜将其包严。为了避免黄瓜吸收乙烯，致使黄瓜变黄、萎蔫，衰老，在塑料薄膜内放入乙烯吸收剂；为防止黄瓜在贮藏期间感病，在密封塑料薄膜前，在薄膜上喷洒过氧化氢或乙霉威；为防止黄瓜腐烂，在封装前，每千克黄瓜还应加入0.1毫克左右的克霉灵，用布条或棉球蘸取，分别放到已码好黄瓜的间隙处。为了保持黄瓜新鲜的色泽和口味，最好采用透气防水型塑料薄膜，例如橡胶硅窗塑料袋，硅窗能透过氧气、二氧化碳和乙烯，并能保持黄瓜水分，为黄瓜提供一个微氧呼吸，又不产生二氧化碳的环境。3天后，袋壁

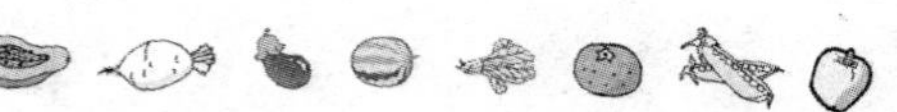

上会附有大量水珠，应开口排湿，然后除去防水型薄膜，调节袋内气体。

8. 药纸保鲜法 选颜色鲜绿、无伤、无病虫害的瓜条，剪短瓜柄，立即用草木灰或生石灰消毒。然后用蘸药液的卫生纸包严瓜条，堆放在铺有5~8厘米厚的沙上。药液的配制方法是取5千克左右的蒸馏水或凉开水，加50克左右的食盐、10克左右的亚硫酸钠，溶化后用柠檬酸调节pH值为4.0~4.5，将软纸放入药液中浸透。贮藏期间，每隔5天左右检查1次，及时清除烂果，每次检查换1次药纸。如此管理，不同的温度贮藏的时间不同，10℃左右可贮藏1个月以上，15℃以上可贮藏1个月左右，20~25℃可贮藏半个月左右。瓜条新鲜度良好，无异味、不变色。

9. 民间贮藏法 是一些操作简单，容易掌握，成本低，效果好，适合广大农民朋友采用的贮藏方法。

（1）沙埋贮藏。把黄瓜埋入沙子里面，最好选用过细筛的河滩沙子，洗去沙子里的泥土，放入锅中炒干，晾凉，喷水湿润。在内表面光滑的大缸内，铺一层细沙，放一层黄瓜，以此类推，将缸装成八成满，上盖一层5厘米左右厚的沙封口，在10℃可存贮30天左右。如果用过氧化氢或乙霉威对沙子进行消毒，再利用保水剂处理后，贮藏期可达到2个月左右，且瓜条色泽、口味如前一样新鲜，或在终年阴凉处的墙角，用透气保水的塑料膜铺好，然后撒上10厘米厚的细沙。细沙要混入40%的多菌灵1 000倍液，再加入0.5%的洁必宝1号，搅拌均匀。然后在细沙上摆放一层黄瓜，铺一层沙，摆放5~7层黄瓜后，保持温度在8℃左右，通风，根据沙的干湿程度适

当补充水分。

（2）土窖贮藏法。瓜农朋友可在自家后院挖一个 2 米深、1 米宽的土窖。可在库内制作简易的货架，在货架上放上用过氧化氢或石灰水消毒后柔软的湿草或润湿软纸，用以防止瓜条表皮上的刺脱落，防止感染病害并保持水分。每层根据货架空间适量摆放黄瓜，用草团封盖窖口。由于夜间空气湿度较大，温度较低，可打开窖口，使其通风增湿。此方可批量保存黄瓜 10 天左右。

（3）水窖贮藏法。适用于地下水位高的地区。多为土井，井口与井底直径相对较宽，都在 3 米左右，深为 3~4 米，井底中部有 1 个水坑。用过氧化氢或石灰水处理草垛，将草垛平铺于井底四周，洒上适量水，使草垛柔软，然后摆放黄瓜，或在井底四周搭建简易货架，将用过氧化氢或石灰水处理过的秸秆平铺在货架上，用以摆放黄瓜。水井口敞开，以便通风。长期用以贮藏黄瓜的，可在井底无水部分用水泥筑建一个圆形平台，中间是水，四周是水泥，水泥上设有菜架，菜架离水面 20 厘米左右，窖顶及地上部四周培土，厚约 60 厘米。窖顶设一个通风口，内径约为 15 厘米，窖底水沟与地下水相同，随着地下水位升涨，水深有所变化。当水位上升时，可通过水泵抽出多余的水，保证黄瓜与水之间的距离。虽然我国的南北气温相差较大，但水窖内温度变化较小。黄瓜含水量高，但新陈代谢旺盛，保护组织又不完善，容易失水、萎蔫，水窖内的相对湿度较高且稳定，对黄瓜的贮藏非常有利。根据季节的变化，湿度相差不是很大，天冷后可适当改变在白天通风，可操作性非常灵活。但入窖初期，一般每周检查 1 次，防止入窖前

已经有损伤的黄瓜感病腐烂，影响整体黄瓜的贮藏期。

（4）水泡贮藏法。适用于高温季节，气温在20℃时，可将黄瓜泡入水中，最好是冰水或盐水，一般可保鲜1~2周。

（5）寄生贮藏法。一般在冬季可将黄瓜夹在白菜心中间，让黄瓜和白菜同时生长。上冻前与白菜一起收获，并置于阴凉处，可贮藏2个月左右；或把白菜叶剥掉留心，把黄瓜插入白菜心内，放入白菜窖，并用白菜叶盖严，可存放1个月。也可在白菜窖壁上挖1个洞，下部施稻草，上摆4~6层黄瓜，盖1层稻草，再摆4~6层黄瓜，堆至60厘米左右。每隔1周重新摆放，并检查黄瓜好坏，剔除烂果，可贮藏3个月左右。

（6）筐存法。找1个纸箱或竹筐，在内壁和底部铺上湿润而柔软的稻草或纸张，然后将黄瓜按一定顺序摆放在其中。装至八成满后，再用潮湿抹布盖于其上，置于终日阴凉且通风处，每6天左右检查1次，并且保持温度在12℃左右，一般可存贮2~3周。

（7）地下沟贮藏法。在墙体阴凉一侧，挖50厘米深、30~40厘米宽的长沟，在沟内铺上干草并对干草进行消毒处理。然后将黄瓜放在干草上，洒施凉水，利用沟中深层的湿度和温度进行贮藏。一般可保存半个月。

（四）黄瓜的运输

不同品种的黄瓜耐藏性、抗病性有明显差异。这就为黄瓜在运输方面提出了更严格的要求。首先，成熟度对黄瓜运输有明显影响。成熟果在运输时容易变软、萎蔫，由于黄瓜成熟后释放乙烯，乙烯又可催熟瓜条，造成恶性循环。因此国家对黄

瓜运输过程提出了严格标准，要求黄瓜要有适宜的运输环境，防止产生瓜条受伤感染病菌。

黄瓜如果要进行长途运输时，一定要做好防晒、防冻、防雨淋和不要叫瓜条长时间处于闷热环境，即要通风。在装运前，首先，要把刚采收的瓜条先预冷，除去田间携带的余热，降低瓜条内部热量，降低新陈代谢，防止腐烂变质。其次，最好用有冷气交通工具进行运输，把温度控制在10～13℃，装瓜条的菜箱上下左右都保持通风。风道两侧菜箱要码平，顶部和侧面要码齐。一次预冷量的多少取决于差压预冷通风设备大小。一般经过6小时左右的预冷，产品就可以达到预定温度，温度为8～10℃。再次，应该对交通工具进行清扫和消毒，消毒后经过一定时间通风后再装车，以防消毒药物残留。为防止运输途中颠簸、碰撞和倾倒，货架内应有支架，以稳固装载。最后，要根据运输路途的远近选择交通工具，以便运输方便和节约成本。路途太远时最好用火车，经济、平稳，避免机械损伤。货箱内的菜箱不要码得太高，并留出适当的空间，以便通风散热。

第三章　西葫芦标准化生产技术

一、西葫芦标准化生产的场地环境条件

西葫芦标准化生产的场地应符合《绿色食品　产地环境技术条件》（NY/T 391—2000）的规定，选择地势高燥，排灌方便，运输方便，土层深厚、疏松、肥沃的地块进行种植。

2000 年农业部颁布的《绿色食品　产地环境技术条件（NY/T 391—2000），规定了绿色食品产地的环境空气质量、农田灌溉水质和土壤环境质量标准。绿色西葫芦产地空气标准如表 3-1 所示。

表 3-1　西葫芦产地空气中各项污染物的浓度限值

单位：毫克/米^3（标准状态）

项目	浓度限值	
	日平均	1 小时平均
总悬浮颗粒物（TSP）	0.3	0.50
二氧化硫（SO_2）	0.15	0.15
氮氧化物（NO_x）	0.1	20（微克/米^3）
氟化物（F）	7（微克/米^3）	1.8［微克/（分米^2·天）］（挂片法）

（1）日平均指任何 1 日的平均浓度。

（2）1 小时平均指任何 1 小时的平均浓度。

（3）连续采样 3 天，1 日 3 次，早、中、晚各 1 次。

（4）氟化物采样可用动力采样滤膜法或用石灰滤纸挂片法，分别按各自规定的浓度限值执行，石灰滤纸挂片法挂置 7 天。

（一）西葫芦产地灌溉水质量标准

绿色西葫芦产地灌溉水质量标准如表 3-2 所示。

表 3-2　西葫芦产地灌溉水中各项污染物的浓度限值

单位：毫克/升

项目	浓度限值
pH 值	5.5~8.5
总汞	0.001
总镉	0.005
总砷	0.05
总铅	0.1
六价铬	0.1
氟化物	2.0
粪大肠菌群	10 000（个/升）

注：灌溉菜园用的地表水需测粪大肠菌群，其他情况不测粪大肠菌群。

（二）西葫芦产地土壤质量标准

绿色西葫芦产地土壤质量标准如表 3-3 所示。

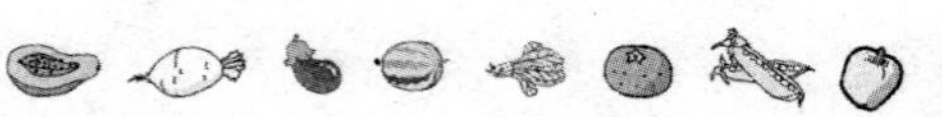

表 3-3　西葫芦产地土壤中各项污染物的浓度限值

单位：毫克/千克

项目	浓度限值		
	pH 值<6.5	pH 值 6.5~7.5	pH 值>7.5.
镉	0.3	0.3	0.6
汞	0.3	0.5	1.0
砷	40	30	25
铅	250	300	350
铬	150	200	250

注：本表所列浓度限值适用于阳离子交换量>5 里摩/千克的土壤；若≤5 里摩/千克时，其浓度限值为表内数值的一半。

二、绿色西葫芦标准化生产的品种类型和茬口安排

（一）西葫芦优良品种及品种选择

1. 保护地栽培西葫芦品种选择　保护地栽培西葫芦品种有：早青一代、长青 1 号、中葫 1 号、东葫 1 号、冬玉、百利斯卡万、黑美丽、星光 1 号、绿宝、灰采尼、绿元美国碧玉、银碟 1 号、珍玉 28、珍玉春丽、珍玉小荷等。

（1）早青一代。由山西省农业科学院蔬菜研究所育成的早熟一代杂种。1988 年通过山西省农作物品种审定委员会审定。植株直立、矮生，主蔓长 30~50 厘米，节间短，叶片小而绿，株型紧凑。无侧蔓，第 1 雌花着生在 4~5 节，雌花多，

瓜码密，可同时结 2~3 个瓜。瓜长筒圆形，嫩瓜皮浅绿色，有绿色纵条纹和白色斑点，有棱，肉厚，肉嫩，质脆，品质好。瓜长 25~30 厘米，横径 13~15 厘米，单瓜重 250~300 克，每公顷产量在 75 000 千克以上。早熟，播种后 45 天即可采收嫩瓜。抗病毒能力中等，适应性强，保护地和露地均可种植。

（2）长青 1 号。由山西省农业科学院蔬菜研究所育成的极早熟一代杂交种。株型紧凑，长势强，分生侧蔓少，短蔓、直立。以主蔓结瓜为主，第 1 雌花着生在 5~6 节，侧枝很少结瓜，雌花多，瓜码密，坐瓜好，连续结瓜能力强，可同时结 2~3 个瓜，丰产性好。瓜长筒形，瓜皮淡绿色网纹，粗细均匀，外观美观，肉脆，细致，品质佳，商品性好。播种后 38 天即可采收 250 克以上商品嫩瓜，早熟，每公顷产量在 75 000 千克以上。保护地和春露地均可种植。

（3）中葫 1 号。由中国农业科学院蔬菜花卉研究所培育。植株长势强，速度快，叶绿色，大小适中。瓜条棒形，表皮浅绿色，有棱，肉厚，富含胡萝卜素和铁，营养丰富，品质优良。坐瓜多，瓜码密，以采收 150~200 克嫩瓜为主，商品性好。适宜各地保护地及露地早熟栽培。

（4）东葫 1 号。由山西省农业科学院蔬菜研究所育成的耐低温、弱光、高产保护地品种。植株生长健壮，茎蔓粗壮、直立，主蔓长 4 米左右，不分枝，叶片肥大，根系发达。瓜圆筒形，粗细均匀，瓜皮翠绿、鲜亮，脆嫩，品质佳。瓜条长 25~26厘米，横径为 6~8 厘米，每公顷产量高达 150 000~225 000千克，经济效益好。无畸形瓜，坐瓜率高，连续结瓜

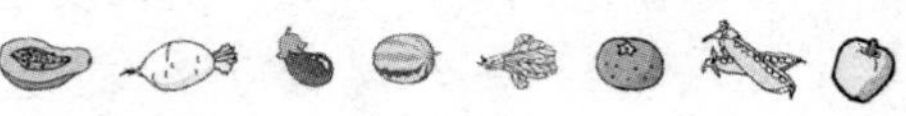

能力强，管理得当时，单株可连续结瓜 20 个以上。中早熟，瓜条膨大速度快，开花后 3～4 天即可采收嫩瓜，生长期长，采收期 150～200 天，早熟性好，深冬前至深冬期间的经济效益十分突出。耐寒性特强，耐低温、弱光。适于各地区日光温室越冬栽培。

（5）冬玉。从法国引进的极耐寒、越冬日光温室专用一代杂交种。植株根深叶茂，茎蔓粗而有力，瓜秧长 3 米，叶秆粗壮、直立，叶片大、绿而肥厚。瓜码密，坐果率极高，几乎叶叶有瓜，平均单株连续坐果 30 个以上。瓜条长棒形，顺直，瓜皮浅绿色、有光泽，外观品质好。瓜长 25～28 厘米，横径 5～6厘米，瓜条膨胀速度快，生长期长达 240 天左右，采瓜期 200 天以上。高产性极强，每公顷产量在 225 000 千克以上。开花至采收 3～4 天，比早青一代提早 3～5 天。在冬季低温寡照情况下，植株长势仍然强劲，植株部分受冻时，温度稍有回升就能恢复生长，发生新叶，正常结瓜。耐盐碱、耐涝性能优良，抗病性极强，是越冬茬日光温室专用品种。

（6）百利。由法国 TEZIER 公司专门为中国市场培育的耐冷越冬型高产优质新品种。植株长势强，营养生长与生殖生长相协调，叶片适中、绿色，蔓短而粗，节间短，整齐度好，坐瓜多，便于管理。瓜条圆柱形，浅绿色、有光泽，质嫩，风味好，品质优。瓜长 22～24 厘米，横径约 6 厘米，单瓜重 350 克。瓜码密，每株可连续结瓜 30 个以上，产量高且耐存放、适宜包装和运输，经济效益好。耐寒，抗病抗逆能力强，适宜反季节保护地栽培。

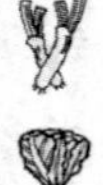

（7）斯卡万。从美国引进的早熟杂交品种。植株长势中

等，第1雌花着生在5~7节，连续结瓜能力强，2~3条瓜可同时生长。瓜条棒状，表皮嫩绿色，粗细均匀，幼瓜表面有小绒毛，随后逐渐消退。瓜条长度适中，20~25厘米，每公顷产量为75 000千克。极耐低温，抗病性强，适于保护地或早春露地栽培。

（8）黑美丽。由中国农业科学院蔬菜花卉研究所从国外引进的优良早熟杂种一代。植株短蔓矮生、直立，高1米，长势强。以主蔓结瓜为主，第1雌花着生在主蔓6~7节，以后几乎节节有花，雌雄花多同枝产生，异花授粉。外形美观，长棒状，墨绿色、有光泽，老熟时皮色近于黑色，果肉枯红，十分美丽，且营养丰富。定植后25天左右即可采收，采收以150~500嫩瓜为主，每公顷产量为75 000千克。对低温、弱光适应性较强，且具有良好的抗病和抗逆性，适于我国各地保护地和露地早熟栽培。

（9）星光1号。由沈阳星光种业有限公司育成。植株长势强，节间短，瓜蔓丛生、直立，瓜码密，同时坐瓜能力强。瓜条长圆柱形，顺直，浅绿色、有光泽。瓜条长22~24厘米，横径7~10厘米，每公顷产量在75 000千克以上。极早熟，播种后40天左右采收商品嫩瓜，采收期长，不易早衰。适应性强，耐寒性强，同时耐霜霉病和病毒病。适于保护地栽培。

（10）绿宝。由北京市蔬菜研究中心与美国专家合作育成的早熟、丰产一代杂种。植株长势强，生长速度快。第1雌花着生在主蔓4~5节，坐瓜率高，单株可连续结瓜8~10条。瓜条棒形，深绿色、有光泽，嫩瓜质脆，品质优。以采收250~500克嫩瓜为主，每公顷产量为30 000~45 000千克。适

于京、晋、冀、陕等地春季日光温室、改良阳畦的大小棚以及多种简易临时覆盖栽培和露地种植。

（11）灰采尼。由辽宁省种子公司从美国引进的杂交种。植株紧凑，矮生，株高70厘米，节间短，不蔓生，掌状叶片，叶缘深裂。瓜码密，瓜条膨大速度快，化瓜少。瓜条长筒形略带尖，灰绿色，白色花纹，外形美观。单瓜重1千克左右，每公顷产量为60 000千克左右。播种后56天左右可采收嫩瓜，早熟。耐冷性和适应性强，适于露地和保护地栽培。

（12）绿元美国碧玉。从美国太阳种子公司引进的早熟杂交一代品种。短蔓生长，叶片掌状深裂，长势旺盛，深绿色，瓜码密，连续坐果能力强。瓜条圆筒形，细长均匀，皮色乳白带有浅绿斑纹，外形美观，细嫩无渣，果皮薄，且不易裂果，商品性好。嫩瓜条长20~22厘米，粗6~8厘米，单果重650克左右，每公顷产量在150 000千克以上，高产。早熟，播后40~45天即可上市嫩瓜，从开花至采收为25天左右，前期产量很高。抗病，耐低温弱光性好，耐贮运，抗逆性强，适于早春及夏秋保护地栽培。

（13）银碟1号。由西北农林科技大学园艺学院蔬菜花卉研究所育成的抗病、优质、丰产的特形品种。2002年通过陕西省农作物品种审定委员会审定。植株长势强，矮生，株高65厘米左右，株幅较大，分枝性较强，节间短，叶片淡绿色。主、侧蔓结瓜，以主蔓结瓜为主，第1雌花着生在主蔓7~9节。瓜条呈飞碟状，边缘波浪形，表皮嫩白，果肉厚，心腔小，干物质、总糖和维生素C含量高，品质佳。嫩瓜条长5~8厘米，横径15~25厘米，单瓜重200~600克；老瓜横径可达

28 厘米，单瓜重 750～1 000 克，生育期约 50 天。较抗病毒病，较耐低温和弱光，适合日光温室、塑料大棚和小拱棚等保护地栽培。

（14）珍玉 28。由河南农业大学豫艺种业培育的早熟品种。植株长势稳健，易坐瓜且带瓜能力强，膨瓜速度快，前、中、后期均有较高产量。瓜皮油绿，色靓丽，果实长而顺直，瓜条长 25 厘米左右，品质好。其抗性极好，适于南方及北方春秋大棚种植。抗病性较好。

（15）珍玉春丽。由河南农业大学豫艺种业培育的新品种。植株长势旺，耐寒性好，结瓜早，膨瓜速度快，瓜色亮绿美观，有光泽，瓜条棒状，长 25 厘米，横径 5 厘米，瓜形一致性好，商品性佳。2009～2010 年早春大棚栽培，前期产量明显高于其他品种。

（16）珍玉小荷。由河南农业大学豫艺种业培育的全能型早熟西葫芦品种。植株长势强健，连续结瓜能力强且膨瓜快。瓜条长而顺直，条长 25 厘米左右，商品瓜单重 300～400 克。幼瓜皮色翠绿，细腻有光泽，果面白斑小而少，商品性优。早熟，膨瓜快，前期产量高且不早衰，后期仍能大量下瓜。抗病能力突出，高抗病毒病、白粉病，适应性强，既耐寒又耐热，适宜全国大部分地区早春大小棚、地膜、秋延后栽培及高海拔区域越夏栽培。

2. 露地栽培西葫芦品种选择　露地栽培西葫芦品种有中葫 3 号、春玉 1 号、一窝猴、阿尔及利亚西葫芦、早青一代、珍玉 9 号、珍玉 35 等。

（1）中葫 3 号。由中国农业科学院蔬菜花卉选育的早熟

一代杂种。植株生长健壮，矮生，瓜码密，单株可同时生长4~5个瓜条。以主蔓结瓜为主，瓜条长柱形，有棱，表皮白而亮，果肉脆嫩，风味好，较耐贮存。单瓜重200~400克，每公顷产量达60 000~75 000千克。早熟，定植后25天左右，即谢花后1周左右可采收嫩瓜，商品性状好，早期产量每公顷约45 000千克。抗逆性好，较抗银叶病，适于保护地及春露地早熟栽培。

（2）春玉1号。由西北农林科技大学园艺学院蔬菜花卉研究所选育的早熟一代杂种。2003年通过陕西省农作物品种审定委员会审定。植株生长旺盛，矮生，株高60厘米，较直立，开展度80厘米，叶色灰绿色，后期有白色花斑。第1雌花着生在主蔓第5节左右，以后每1~2节出现1个雌花，瓜码密，连续坐果能力强。瓜条长棒形，表皮嫩白色、有光泽，品质佳。瓜条长25~30厘米，横径10~12厘米，单瓜重400~600克。抗病性和适应能力强，适于保护地早熟覆盖栽培和露地春秋栽培。

（3）一窝猴。内蒙古地方品种。植株半直立，节间短，着生白色刺毛，分枝性弱，叶片掌状，外缘深裂。第1雌花着生在主蔓6~7节，每个单株可结3~4个瓜条。瓜条长筒形，表皮由乳白逐渐变为棕黄色，果肉淡黄色，细嫩，有甜味，风味佳。嫩瓜单瓜重1~2千克，老瓜可达3~4千克，每公顷产量为75 000千克左右。抗旱、耐盐碱，适应性强，适于内蒙古地区栽培。

（4）阿尔及利亚西葫芦。植株长势强，节间短，分枝性弱，很少发生侧枝，叶片掌状，外缘有深裂锯齿，深绿。第1

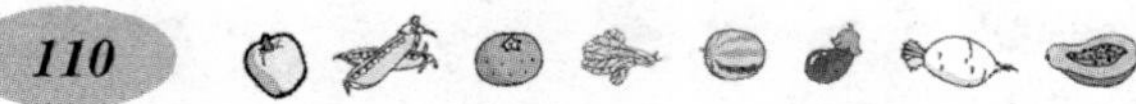

雌花着生在主蔓 5~6 节，以后节节有雌花，瓜码密。瓜条长圆柱形，表皮浅绿，有明显绿色花纹，瓜瓤绿白色，质地细嫩，商品性好。瓜条长 28 厘米，横径 14 厘米，单瓜重 0.5~2 千克，最大可达 4 千克，单株产量 7.5 千克，每公顷产量达 60 000~75 000 千克。耐寒，抗病，适宜华北、东北等地种植。

（5）早青一代。参见保护地栽培西葫芦品种选择。

（6）珍玉 9 号（抗热王）。由河南农业大学豫艺种业培育的中熟品种。植株生长势强，连续结瓜性好，瓜形瓜色优秀；抗热性强，是目前国内少有的抗病毒病能力突出的品种，适宜北方地区秋延后、南方地区露地及高海拔区域越夏栽培。

（7）珍玉 35。由河南农业大学豫艺种业培育。株型紧凑，短蔓，叶片上有小银斑，缺刻较深，叶柄较短。幼果嫩绿有光泽，瓜形棒状圆润，瓜条长 22 厘米左右，单果重 400~600 克，商品性佳。长势较强，结果能力强，丰产高产，对病毒病有较强的抗性。适宜春秋露地、大小拱棚栽培，也适宜南方秋冬露地及高海拔区域越夏栽培。

（二）茬口安排

绿色西葫芦茬口安排见表 3-4。

表 3-4　绿色西葫芦的茬口安排

月份 / 栽培方式	1	2	3	4	5	6	7	8	9	10	11	12
早春日光温室栽培	●		——									
春季塑料大棚栽培		○	●		——							

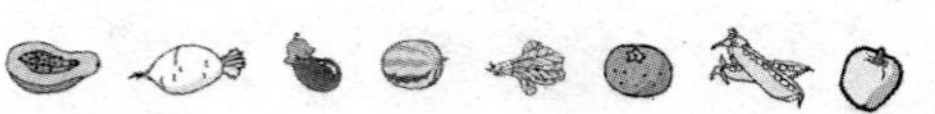

续表

栽培方式 \ 月份	1	2	3	4	5	6	7	8	9	10	11	12
春季大拱棚栽培			○	●		—	—					
春季小拱棚栽培			○	●		—	—					
春季露地栽培				○		—	—					
夏季栽培				○		—	—					
秋季栽培							○		—	—		
秋延后大棚栽培								●		—	—	
秋延后日光温室栽培								●		—	—	
冬季日光温室栽培	—	—								○	●	

注： ○ 播期 ● 定植期 —— 收获期

三、绿色西葫芦标准化生产的育苗技术

（一）床土配制及消毒

1. 床土的配制 优质的床土是培育壮苗的关键，床土的营养成分及理化性状要根据幼苗的生长特性来配制。西葫芦幼苗生长量大，最适宜沙质壤土，要求土壤中富含有机质，pH 值为 5.5~6.8。

园土与有机肥是配制床土的主要成分。西葫芦属于忌连作蔬菜，要选用 3 年以上未种过瓜类蔬菜的优质疏松园土，园土应无草籽、少病菌、少虫，打碎过细筛。有机肥要以马粪、猪粪、鸡粪等较为常用，使用前要充分腐熟，晒干，打碎过细筛。然后将备好的园土与有机肥按 6∶4的比例配制，然后每立

方米床土再加入15:15:15氮磷钾复混肥0.5~1千克，混匀后备用。

2. 床土的消毒　配好的床土不可直接使用，还需经过消毒，以减少土壤中的病原物。在配好的床土中，每1 000千克加入50%甲基托布津100克，或50%多菌灵100克，或2.5%敌百虫100克。除化学消毒法外，还有物理消毒法和太阳能消毒法，详见黄瓜床土消毒法。

（二）种子选择与处理技术

1. 种子的质量选择　种子质量应符合国家一级种子质量标准，选择大小一致、颜色均匀、饱满、有光泽、发芽率高、发芽势强的新种子，挑出破碎、干瘪、有虫卵、带病伤的种子。

2. 种子的处理技术

（1）晒种。浸种前晒种2~3天，以促进种子后熟，使种子的成熟度保持一致，提高种子发芽势，促进幼苗整齐、健壮。

（2）种子消毒。西葫芦的很多病害都可以通过种子传播，种子消毒是切断病害传播的主要措施之一。药液浸种简单有效，先用清水浸泡5分钟后，再用10%磷酸三钠浸种20分钟，或用50%多菌灵可湿性粉剂500倍液浸种30分钟，或用40%福尔马林100倍液浸种20分钟；或用0.1%高锰酸钾浸种15~25分钟，然后用清水冲洗干净，再用温水浸种。此外，还可用烫种处理和干热处理等进行种子消毒。

（三）催芽播种

1. 浸种 浸种可使种子在短时间内吸足发芽所需的大量水分。常用的浸种方法有温水浸种、温汤浸种和热水烫种，水温及操作步骤可参见黄瓜浸种技术，需要注意的是西葫芦浸种6~8小时即可，超过12小时会对种子发芽造成不利。

2. 催芽 浸种6~8小时后，搓洗掉种皮上的黏液，用清水冲净，捞出晒干，然后用湿毛巾或湿纱布包好，放在25~30℃的环境中催芽。催芽过程中，每天要淋水或用清水投洗，以保持种子湿润，同时经常翻动种子，使种子受热均匀。2~3天后开始出芽，当70%左右的种子已露白，即可进行播种。

3. 播种

（1）播种期的确定。播种期决定浸种、催芽和定植的时间，还决定了结瓜期和最早上市期，确定适宜的播种时期在西葫芦生产中十分重要。育苗播种期要根据育苗期长短、苗龄大小、定植期以及上市期来确定。苗龄的大小可用育苗天数、幼苗叶龄（叶片数）、是否现蕾开花来表示。

春季栽培时，要尽量提早播种，延长生长期，并避免夏季高温影响瓜条正常生长。西葫芦在10厘米地温达到11℃时才能定植，应依不同设施达到此温度的时间前30~40天的苗龄期。秋延后栽培，无病区可早播，重病区需晚播。温室及大棚生产时，苗龄最好大一些，而露地栽培时秧苗的苗龄要小一些。

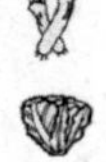

（2）播种方法。播种前给苗床、营养钵、育苗钵或者纸袋浇透水。水下渗后，再覆一层厚约3毫米的干细土，即可播

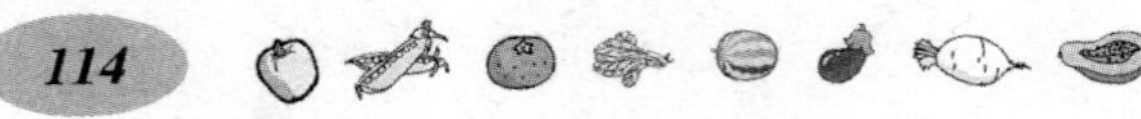

种。播种时种子要放平，芽端向下，播种后立即覆盖1~2厘米厚的培养土。切块育苗时，在水浇透后按株行距10厘米×10厘米或12厘米×12厘米切成方块，并在方块中央用棒扎1个小孔穴，孔深2厘米，宽1~2厘米，每个孔播1粒发芽的种子。播种后覆盖2厘米厚的培养土，不能太薄，否则种子容易“戴帽出土”。撒施要均匀。覆土后最好可覆盖地膜以提高床土温度，保持湿度，1周后即可出苗，苗出齐后要及时揭掉地膜。穴盘育苗时，在穴盘内装满土后，叠放在一起，轻轻往下压，然后将下层穴盘放到上层，再次下压后再播种。也可先用拇指轻压穴中基质，使其下陷1厘米左右，平放种子，覆土盖膜。育苗容器也可用旧报纸或旧塑料袋做成高8~10厘米、直径8~10厘米的圆柱形纸钵。

（3）播种量的确定。西葫芦的播种量应适当，播种不足时，秧苗不能满足栽培的需要；然而播种量过大，也会造成种子、人力、财力和苗木的浪费，不仅影响工作效率，还会造成大量秧苗剩余。所以播种应根据土地面积、种子发芽率和种子纯度适当播种。播种量应该以满足栽培需求并略有剩余为宜。播种量的计算方法：

播种量（克）=（栽培面积×栽培密度）/（每克种子粒数×发芽率×种子净度×成苗率）

一般每亩用种量0.5千克。

（四）苗期管理技术

1. 温度　使土壤保持较高的温度，加快出苗速度，最好使幼苗4~7天出齐。幼苗出土至第1片真叶展开前，幼苗下胚

轴生长，种子内养分将要耗尽，展开的子叶制造的养分量很小，这时如果床土温度高、湿度大，最易造成秧苗徒长，表现为叶片小、叶肉薄、叶色黄绿、下胚轴细长。因此，这一阶段要适当降低夜温，降低床土水分，白天温度25℃，夜间13～15℃。幼苗长至2叶1心时，可行倒动，促使营养钵断根，同时控制温度，白天20～25℃，夜间13～15℃。定植前5～7天，要逐渐降低温度，白天温度一般在20℃左右，夜间温度可降到10～13℃，以起到炼苗作用，使幼苗更好地适应定植后的环境，增强抗逆性。

2. 光照　要培育壮苗，除了适宜的温度外，光照条件也十分重要。子叶出土后，为促进根系发育，要保证充足的光照，特别是阴、雨、雪天气，更要充分利用日照，必要时进行人工补光。为提高日照强度，要经常保持棚膜洁净，在保证温度的前提下，尽量早揭、晚盖不透明覆盖物。定植前1周左右，逐渐减少覆盖物遮盖时间，使幼苗得到充足的阳光。

3. 水肥　冬春季节育苗时，分苗前原则上应控制浇水，防止地温下降及病害发生。但采用穴盘和营养钵育苗，基质中的含水量和水分来源有限，应及时补水。床土切块育苗时，一般不再浇水，可采取覆土保墒。早春移苗前注意给水，防止干燥。为促进缓苗，移苗前要降温控水，移苗后根据床土情况，适当浇缓苗水。为培育壮苗，不应靠干旱的办法蹲苗，这样秧苗容易老化，但也不能单靠浇水，应注意保墒蓄水，这样才能比较理想地解决秧苗需水与水量大易徒长的矛盾。定植前1周控水进行秧苗锻炼。

如果床土营养充足，育苗期间可不施肥，但如果苗龄过

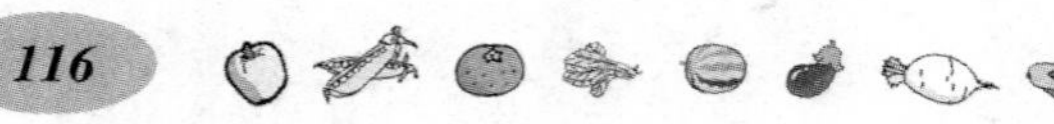

长，床土瘠薄，可随水施入尿素和化肥等。一般每平方米施用20~30克尿素，或0.5%磷酸二氢钾，防止浓度过大，造成烧苗，若发现烧根时应及时给水缓解。也可叶面喷施0.1%~0.2%尿素或磷酸二氢钾溶液。

西葫芦的壮苗标准：茎粗，节间短，叶片大而肥厚，叶色浓绿，须根多，根白色粗壮，无病虫害。具体参数为：茎粗0.4~0.5厘米，株高10~12厘米，苗龄在30天左右，形态指标为3叶1心或4叶1心。

（五）嫁接育苗技术

嫁接换根主要应用于日光温室冬春茬西葫芦生产。嫁接后可使根系扩大，提高根系吸收肥水能力，增强抗病和抗逆能力，延长结瓜期，增加产量。

1. 砧木的选择　目前我国最为常用的砧木是黑籽南瓜，其根系发达，吸收范围广，耐肥水和耐旱能力强，耐寒，抗逆，对枯萎病有免疫作用，被广泛应用。其次，通过远缘杂交育成的砧木新品种中原共生Z101具有较黑籽南瓜更突出的优点：发芽势强，植株健壮，根系发达，与西葫芦亲和力强；抗寒耐热性优良，早期生长速度快，中后期不早衰；抗枯萎病，耐根结线虫病；对接穗风味无任何影响，产量比黑籽南瓜提高30%。另外，还有特选新土佐砧木、白皮黑籽、壮士、共荣等也可做西葫芦嫁接砧木。

从生产实际出发，用黑籽南瓜做砧木最佳，如果根结线虫为害较为严重，可考虑选用中原Z101。

2. 嫁接苗的准备

（1）接穗准备。精选西葫芦种子后，对其进行消毒、浸种和催芽，方法参考“西葫芦的育苗技术”。播种期因嫁接方法、嫁接苗的品种和定植期而异。如果接穗品种是杂交种，定植前35天左右播种，如果接穗是常规种，一般在定植期45~55天播种。靠接法嫁接时，接穗可与砧木同期播种也可比砧木早播2~3天，插接法嫁接时，接穗通常比砧木晚播2~3天。当西葫芦幼苗第1片真叶刚刚露头时，即可开始嫁接。

（2）砧木准备。以黑籽南瓜做砧木为例。播种前先选择优质种子，经阳光照射数小时后，用55~60℃的温汤浸种10分钟，然后加入凉水，使水温降至25~30℃，继续浸泡8小时左右。浸泡过程中要挑出漂浮在水面和悬浮在水中的干瘪和不饱满种子。浸泡结束后用清水洗净，并把种子表面多余的水分晾干或甩干，用布包好，放在30℃左右的环境中催芽1~2天。待种子出齐后开始播种。嫁接适期根据嫁接方法而定，插接法适期为砧木幼苗第1片真叶有拇指大小，靠接法是在砧木播种后的10~12天，即砧木两片子叶完全展开时。

3. 嫁接方法 西葫芦的嫁接方法较多，目前生产上最为常用的是靠接法和插接法。

（1）靠接法。嫁接前先准备好刀片和嫁接夹。选择苗态相似的砧木和接穗从育苗盘中取出，用湿布保湿，根系尽量多带土。嫁接时，先用刀片切去砧木的生长点，然后在平行子叶展开方向，距子叶0.5~1厘米处，用刀片自上而下成40°角斜切1刀，切口长0.5~0.7厘米，深度为胚轴茎粗的2/3左右。下刀要快，切口要平。在接穗一个子叶正下端（与子叶展开

方向垂直）1.5~2 厘米处，自下而上成 35°角左右斜切 1 刀，深度达茎粗的 1/2~2/3。然后，准确、端正、迅速将大砧木和接穗的切口嵌合在一起，用嫁接夹固定。此时，西葫芦子叶位于南瓜子叶之上，且二者呈“十”字形。

（2）插接法。嫁接前先准备好刀片和嫁接夹。选择接穗和砧木时，砧木的胚轴要短粗，接穗的胚轴相对细一点。嫁接操作时，先除净砧木的真叶和生长点，然后用竹签在砧木一子叶基部向另一子叶下方斜插 0.3~0.5 厘米。注意，竹签尖子不能刺透茎表皮，还要尽量避免插入髓部。在接穗子叶下 0.8~1.0 厘米处用刀斜切，削成锥状，立即拔出竹签，将接穗插入砧木孔中，使接穗子叶与砧木子叶呈“十”字形。

4. 嫁接苗的管理　嫁接后要立即栽植嫁接苗。前 3 天不见光，不通风，白天温度控制在 25~30℃，夜间 15~20℃，地温 20~28℃，相对空气湿度 90%~100%。用旧薄膜加盖稻草遮光，以后逐渐通风降温、透光。3 天后白天温度控制在 22~25℃，夜间控制在 15~18℃，地温为 17~20℃，相对空气湿度 70%左右。5~6 天后，开始通小风，10 天后开始大通风，通风时要注意逐渐加大通风量，防止在通风时出现萎蔫。第 1 片真叶完全展开时，伤口基本愈合，可进行“断根”处理，沿接口下方用剪刀或刀片把接穗（西葫芦）茎切断，同时去掉嫁接夹，断根后管理同自根苗。当嫁接苗长到 3 叶 1 心时即可定植。定植前 7~8 天，适当控制温湿度，温度控制白天为15~22℃，夜间为 8~12℃。定植前 1~3 天可降到 3~8℃，以利于定植缓苗。

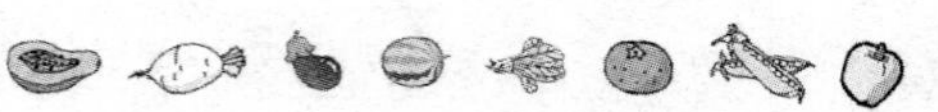

四、绿色西葫芦标准化生产的栽培管理技术

（一）日光温室冬春茬栽培技术

日光温室西葫芦冬春茬栽培，主要是在春季塑料大、中棚提早栽培尚未上市前的一段时间上市，供应期从2月上旬开始直至5月中下旬结束，长达3个多月。一般平均每亩产量在5 000千克左右，产值可达8 000元左右，是目前经济效益和社会效益较高的一种栽培模式。播种及苗期外界温度较低，光照条件差，要完善温室设施结构，注意增温保温。随着气温的升高，光照增多，春季温室里的温度易超出西葫芦生长的最适限度，所以在栽培后期必须注意经常放风。

1. 品种选择 根据当地气候及市场需求选择矮生，抗病，耐低温、弱光，抗逆性强，雌花着生节位低，丰产，早熟品种。目前，栽培上常用的有早青一代、法国冬玉西葫芦、黑美丽西葫芦、京葫2号等。

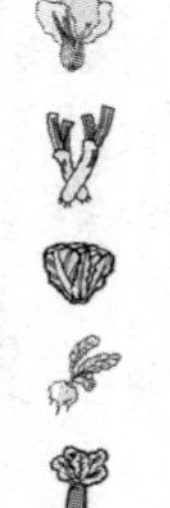

2. 嫁接育苗

（1）播种。由于各地自然环境和温室条件不同，播种期略有差异。一般适宜的播期在10月中下旬。靠接法嫁接时，接穗可与砧木同期播种也可比砧木早播2～3天，插接法嫁接时，接穗通常比砧木晚播2～3天。播种量为每亩400～500克西葫芦种子，750克南瓜种子。

种子容易携带病菌，为防止其对产量和品质的影响，播种前必须进行有效的处理措施。可采用温汤浸种，在容器中放入

50~55℃的温水，将种子投入水中后不断搅拌，并不断加入热水，以保持温度恒定。10~15 分钟后，水温自然降至 30℃，西葫芦种子浸泡 3~4 小时，南瓜种子浸泡 8~12 小时。也可采用药剂浸种，用 25% 苯来特可湿性粉剂，或 50%多菌灵可湿性粉剂 500 倍液浸种 1 小时，或用种子重量 0.3%的福美双浸种 40 分钟，或用福尔马林 1 000 倍液浸种 1 小时。药剂处理结束后将种子用清水冲洗干净，然后浸种催芽。

种子浸好后用清水洗净种皮表面的黏性物质，包上湿纱布，甩去多余水分。西葫芦种子置于 28~30℃下催芽，经 1~2 天可露白；南瓜种子于 30~33℃，2 天左右露白。西葫芦种子发芽 70%左右时即可播种。

播种方法：采用营养钵育苗，将催芽的西葫芦和黑籽南瓜直播在直径 8~10 厘米的营养钵内，1 钵 1 粒。采用营养钵播种时，钵内要装预先配制好的营养土。

（2）苗床准备。在日光温室内建造苗床，苗床为平畦，宽 1.2 米，深 10 厘米。育苗床应选用无病新土或消毒土壤。营养土配比为肥沃大田土 6 份，腐熟有机肥 4 份，混合过筛后，每立方米营养土加入腐熟捣细的鸡粪 15 千克，过磷酸钙 2 千克、草木灰 10 千克，或氮、磷、钾（15∶15∶15）复合肥 3 千克。每平方米还可加入 50%多菌灵可湿性粉剂 80 克，充分混合均匀。播种前浇足底水。

（3）苗床管理。培育壮苗是丰产的关键，苗床管理尤为重要。播种至出苗前，育苗床温度白天宜保持在 25~30℃，夜间为 16~20℃，3~5 天即可出苗。出苗前一般不放风，但如果中午阳光好，小拱棚内气温超过 32℃时，可适当放风。出苗

后即可喷防猝倒病药剂 1 次，并及时撤去地膜，通风降温，白天控制在 20~25℃，夜间为 10~12℃。白天超过 25℃时放风，降至 20℃时，缩小或关闭通风口。嫁接前 1 天给砧木和接穗苗浇足水，再喷 20 万单位/千克的新植霉素，防止嫁接过程中的病害入侵。

（4）嫁接。接穗的嫁接适期是西葫芦幼苗第 1 片真叶刚刚露头。插接法砧木嫁接适期是砧木幼苗第 1 片真叶有拇指大小，靠接法嫁接适期是在砧木播种后的 10~12 天，砧木两片子叶完全展开。靠接法和插接法各有利弊，要根据自己的习惯和熟练程度选择嫁接方法。嫁接时要注意砧木和接穗的播期，提高嫁接成活率；砧木真叶和生长点要剔除干净；切口面要光滑、一致，以利于砧木和接穗的伤口愈合；嫁接后注意温度、湿度和光照管理（见绿色西葫芦标准化育苗部分）。

3. 整地、施肥　整地、施肥对植物的良好生长有关键性作用，尤其是西葫芦根系发达，入土深，生长健壮，且系多次采收，故定植前整地是必要的。冬春茬西葫芦栽培属于短、平、快的一茬。一般情况下此茬西葫芦定植较早，应在霜冻以前盖膜，清除残株杂草，整平地面，施肥。由于该季西葫芦生长期长达 7 个多月，有机肥的施入量要适当增加一些。西葫芦喜有机肥丰富、氮磷钾齐全的有机肥料，一般每亩施入有机肥 10 000 千克，过磷酸钙 50 千克，或磷酸二铵 20 千克，硫酸钾 30 千克。施肥采用地面撒施和开沟深施相结合的方式，这些肥料中的 2/3 铺施在地面上，然后再深翻 2 遍，使肥土均匀，平整土地。然后开 25~30 厘米的深沟，施入剩余的 1/3 肥料，浅翻使肥土均匀。然后浇水，使肥料融化入土，便于吸收。施

肥时要注意撒施均匀，有机肥要充分腐熟。

一般在深翻整平土地时，可用机械操作起垄。起垄的高度、宽度和坡度都必须按照一定的规格，垄宽1.4米左右，高15~20厘米，形成内高外低的斜面，便于地膜覆盖，垄向南北，垄沟宽35~40厘米。垄侧开暗沟，暗沟两侧各栽1行西葫芦，株距40~50厘米，形成三角形栽培。漫灌，让土沉实后再松土，便成为符合标准的栽培垄。

4. 定植

（1）定植前的准备。前茬作物收获后，及时清除枯枝烂叶，揭开棚膜，对表层土壤进行晾晒，利用天敌、日晒、低温和机械伤害达到灭菌效果。定植前15天覆盖好棚膜，提高棚内温度。温度上升的同时，地面病菌也开始大量滋长，因此在定植前10天要对棚室消毒，先在棚室内分5~6处放置瓦片，每亩用硫黄粉300克、敌百虫500克、锯末500克，三者混匀后倒在瓦片上，闭严棚膜，点燃熏蒸。24小时后，揭开棚膜通风，以减少棚内墙缝、地表、支架上附着的病原菌。

（2）定植技术。不同地区、不同温室条件、不同的市场销售情况，定植时期不同。华北地区，一般在11~12月进行。定植要选择晴天上午进行，定植时按大、小苗分类，大苗栽到温室四周，小苗居中。定植时按株行距在垄上破膜挖穴，把苗坨放入穴中，再浇水，待水渗下后填土封坑，并用土将膜的开口封严。放苗时注意，要将苗坨稍露出地面，且要注意嫁接口处不能被淋湿或沾上土。

定植的密度根据品种的株型及栽培方式来决定，小型品种每亩1 800株左右，大型品种每亩1 600株左右。一般垄上定

植间距为45厘米，前边株距可适当小一些，后边株距可适当大一些。

5. 栽培管理

（1）温、湿度管理。定植后5～7天是缓苗阶段，要保持日光温室内高温高湿，不需放风。这一时期白天温度保持在25～30℃，夜间18～20℃。但是晴天中午气温超过30℃时，可适当开口放风。缓苗期结束，即心叶开始生长时，要适当降温，白天20℃左右，最高不超过25℃，夜间12～15℃，最低温度不低于8℃。完全缓苗后，要降低夜温，早晨温度为10～15℃，可促进雌花的分化。雌花大量分化后，适当提高温度，白天25～28℃，夜间15～18℃。

当植株进入结果期和盛果期，白天可适当将温度提高到25～29℃，夜间将温度控制在15～20℃。此时，已进入深冬季节，光照越来越少，温度越来越低，一定要采取措施提高温度，实行高温养瓜。因为15℃以下低温，会造成西葫芦授粉不良，坐果率降低，果实发育延缓。

3～4月，日照时间逐渐延长，日照强度逐渐增大，为获得早期高产，可采用高温管理，即白天30～32℃、夜间15～18℃，增大昼夜温差有利于光合产物的积累。

（2）水分管理。根据季节的不同，植物对水分的需求量有明显的差异。西葫芦的生长发育对水分需求量的表现非常明显，特别是在开花坐果期需水量极大。缓苗后到根瓜坐住前要适当控制浇水，进行多次中耕，以促根控秧，即所谓的“蹲苗期”——尽量少浇水，防止营养生长速度过快而影响生长。定植后至根瓜采收前，适宜的浇水量为垄高的1/3，因为外界

气温低，室内通风量小。当第 1 根瓜坐住并开始膨大时，就开始不间断地供水进入结果盛期，外界温度逐渐升高，植株蒸发量增大，要适当勤浇，一般每 7 天左右浇 1 次水。给水要根据植物的长相、经验、瓜条膨大增重和一些器官的表现来判断。一般叶片深绿、龙头舒展是水分合适的表现。当植物缺水时，叶片会表现出萎蔫下垂现象。浇水要选在晴天上午进行，若浇水后遇到连续阴、雪天气，会造成棚室内湿度过大，引起不良生长和病害的发生，因此浇水前要收听天气预报。

（3）光照调节。此茬西葫芦的定植期正是全年光照最弱的季节，为满足西葫芦光合作用的需要，必须采取一定的措施增强光照强度，延长光照时间。尽量早揭晚盖草帘，经常保持棚膜清洁，增大透光率，必要时实行人工补光，促进西葫芦光合作用。早晨阳光洒满棚面，温度在 10℃左右时，立即揭帘，晚上日落前盖上。连续阴雨天气，间断揭帘，人工补光。镀铝聚酯反光幕可增加反射光利用率，补充温室北部光照，提高地温，促进生长，增强植株抗病性。

（4）肥料管理。根瓜坐瓜后每亩随水追施磷酸二铵 30 千克或氮、磷、钾（15∶15∶15）复合肥 35 千克或尿素 20 千克。进入结果盛期，每 15 天施 1 次肥，每亩施入尿素 20～30 千克。也可进行叶面施肥，喷施 0.1%尿素或 0.2%磷酸二氢钾溶液。进入 4 月后，可顺水冲入稀粪 2～3 次，每亩 1 000～1 500千克。

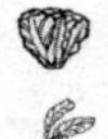

因深冬期外界温度很低，为了保持棚室温度，很少开口放风，温室内和外界气体交换不及时，造成二氧化碳亏缺，影响产量。可进行二氧化碳施肥，有实验表明，如果日光温室西葫

芦定植后，每天上午追施 1 000 微升/米^3 的二氧化碳，连续追施 45 天，可提早 1 周上市，产量也可提高 60%。目前，增施二氧化碳气肥的方法主要有：利用强酸和碳酸盐进行化学反应；石灰石加盐酸；大量施用有机肥；直接施入二氧化碳气肥，每次施 10 千克，每隔 30 天施 1 次，共施 3 次；双微二氧化碳颗粒肥，每平方米挖 1 个深 3 厘米的穴，每穴 10 克，3 天后开始释放二氧化碳气体。详细操作方法参见黄瓜日光温室越冬茬栽培技术。

（5）保花保果。

①人工授粉。西葫芦为雌雄同株异花授粉作物，雌花必须通过授粉才能坐瓜膨大。低温季节雌花开放早而多，雄花开放晚而少，授粉昆虫缺乏，导致授粉率低而引起落花，必须进行人工授粉。一般情况下，清晨 5～10 时花朵陆续开放，9～10 时采下当天开放的雄花，除去花冠，将雄花的花蕊往雌花的柱头上轻轻涂抹，一般 1 朵雄花可授 4～5 朵雌花。如果这一时期无雄花开放或雄花开放过少，可用 0.2～0.3 微克/毫升的 2，4-D溶液涂抹雌花柱头或花柄，提高坐果率。此时，如果植株雌、雄花过多时，应适当疏花，减少营养消耗。

②保果。矮生西葫芦品种几乎节节有瓜，各瓜之间争夺养分激烈，植株负担较重，很容易造成化瓜。因此，要根据植株长势和果实发育情况，疏去一部分瓜条，保证其他瓜条能够长成商品瓜。瓜条膨大期，要经常检查瓜条生长情况，调整吊蔓位置，防止形成弯曲瓜。另外，瓜条长至商品标准时，采收要及时，既能提早上市，又不影响其他果实生长。

（6）吊蔓及植株调整。

①吊蔓。虽然该茬西葫芦多采用矮生型品种，节间短，但植株仍不能直立，匍匐地面生长。且叶子密集，常造成植株间叶片拥挤，相互遮光，加上外界低温寡照的环境条件，常导致果实发育不良，降低产量。为解决这一问题，可采用搭架和吊蔓栽培，改善植株间的通风透光条件。在植株有8片叶以上时要进行吊蔓与绑蔓。吊蔓时，先在每行上方拉一道南北走向的铁丝，每株瓜秧上方绑一尼龙绳，绳的另一端系在西葫芦根茎上，使吊绳与茎蔓相互缠绕在一起。绑蔓时，在瓜秧旁插一粗竹竿，再用绳子绑住茎蔓。吊蔓、绑蔓时要随时摘除主蔓上形成的侧芽。田间植株的生长往往高矮不一，须进行整蔓，扶弱抑强，使植株龙头高矮一致，互不遮光。

②落蔓。当蔓生西葫芦瓜蔓高度达1.5米以上时，随着下部果实的采收要及时落蔓，使植株及叶片分布均匀。落蔓时要摘除下部的老叶、黄叶。去老黄叶时，伤口要离主蔓远一些，防止病菌从伤口处侵染。

③植株调整。西葫芦以主蔓结瓜为主，有时也发生侧枝，需尽早去掉，以保证主蔓的生长势。当下部黄叶超过1/3时，要及时摘除，每次去老叶的数量不要过多，2~3片为宜。操作时，只去叶片，不去叶柄，使叶柄暴露在空气中，待其自然变黄、枯萎再去。造成茎上伤口时，要及时用多菌灵或甲霜酮涂抹，以防止病菌感染。摘除侧芽、老叶、病叶和卷须宜在晴天中午进行，有利于伤口愈合。植株生长后期，主蔓老化或生长不良时，可选留1~2个侧蔓，待其出现雌花时，将主蔓龙头减去，保证侧蔓结瓜。

6. 采收与包装　西葫芦以嫩果为产品，达商品成熟期须

及时采收，尤应注意适当早收根瓜。一般第1条瓜在200克时即可采收，开花10天后即可采收其他瓜条，重量在250~400克。适时采收不仅节约养分，有利于西葫芦生长，还可及早上市提高经济收入。采收过晚，影响幼瓜发育，造成化瓜。采收最好在每天下午进行，操作时要轻拿轻放，不要损坏瓜秧，不要遗漏达到标准的商品瓜。

（二）大棚早春栽培技术

塑料大棚西葫芦早熟栽培是西葫芦栽培的主要方式之一。此时，温室西葫芦的采收已近结束，如果这个时期进行大棚生产很容易获得较高的经济效益。华北地区，一般在2月中下旬育苗，3月中下旬至4月上旬定植，4月下旬至5月初开始收获。

1. 品种选择　早熟性强，对温度适应性广，矮生，长势适中，发育快，适于密植、抗病性强、品质优良的品种。目前常用的有早青一代、京葫1号和京葫3号等。

2. 育苗　培育壮苗是西葫芦丰产的关键。为了抢早上市，育苗要在温室内进行。播种前，要先配制营养土，优质园土6份与腐熟有机肥4份充分混匀，过细筛，每立方米床土再加入15:15:15氮磷钾复混肥0.5~1千克和50%多菌灵100克。用营养钵或穴盘育苗时，将配好的床土装入容器内，浇透水准备播种。将选好的种子经过消毒、浸种和催芽后，开始播种。播种时，挑选正常的种子放入育苗容器中央，点子后随即覆盖1~2厘米厚的细土。覆土后可架设小拱棚盖膜密闭，或覆盖地膜增温保湿。

幼苗出齐前，不通风，以保持较高的温度，白天 28～32℃，夜间 20～25℃，促进早出苗。出苗后适当放风，昼夜温度均降低 8℃左右。一般幼苗长至 3～4 片真叶时即可定植。定植前 1 周逐渐降温，白天 15～20℃，夜间 5～8℃，加大通风量，进行秧苗锻炼。温室育苗时苗龄为 25～30 天为宜，温床育苗时苗龄为 30～35 天为宜。

大棚育苗的壮苗标准是根系发达，具 3～4 片真叶，叶片完整无损，肥大，浓绿，下胚轴长不超过 6 厘米，茎粗壮，长势强。

3. 定植及管理

（1）定植前的准备。定植前 15～20 天扣棚，提升地温。定植前 1 周，施肥整地。按绿色蔬菜栽培对肥料的要求，施入符合规定的优质有机肥。每亩可施入充分腐熟的有机肥 5 000 千克，过磷酸钙 50 千克，硫酸钾 30 千克，碳酸氢铵 25 千克，结合整地做畦施入。施肥采用撒施和沟施相结合的方法。随后根据温室栽培方式起垄或做畦，整地后用宽幅地膜将大行距的双垄覆盖，以便增温保墒，减少病害发生。

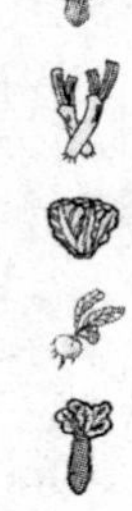

（2）定植。早春茬西葫芦定植时期很重要，当地温在 11℃以上，夜间最低温度不低于 0℃时即可定植。定植过早，遇到寒潮或降温天气容易造成冷害，降低产量，严重时造成绝收；定植过晚则达不到早熟的目的。定植要选择晴朗无风的上午进行，定植时在定植垄上按 50～60 厘米的株距挖穴、浇水，水下渗后放苗，定植深度以子叶露出地面为宜。定植密度为每亩 1 500～1 800 株。

（3）定植后的管理。由于西葫芦叶片大，蒸发快，应及

时补充水分，一般定植后 3~4 天浇 1 次缓苗水。然后进行中耕锄草，一般中耕 2~3 次，可以保墒提温。同时结合中耕培土，以促进根系生长。定植后 5~7 天密闭大棚，少放风或不放风，促进缓苗。这一阶段温度较高，白天 25~30℃，夜间 15~18℃。缓苗后适当降温，白天 23~26℃，夜间 15~18℃。以后随着温度逐渐升高，中午温度超过 30℃时，要及时降温放风。当外界日平均气温达到 20℃以上，最低气温 15℃左右时，可揭除棚膜，结膜前 3~5 天彻夜通风锻炼。

根瓜未坐稳前，不旱不浇水，避免浇大水。直到根瓜长到 7 厘米左右时开始浇水施肥。每隔 1 周浇 1 次水，每隔 1 水施 1 次肥，施肥量为每亩施入硝酸铵 15~20 千克。根瓜采收至第 4、5 条瓜采收期，酌情补施尿素，每亩 10~15 千克。

为保证坐果率，应坚持人工授粉，或用 2，4-D 溶液蘸花。适期对植株进行挂绳吊秧，以保证植株受光良好。同时及时清除植株下部的老、病残叶和侧芽。

4. 采收与包装　参考日光温室冬春茬栽培技术中采收与包装部分内容。

（三）露地栽培技术

露地栽培有春茬栽培、越夏栽培、夏秋茬栽培和秋栽培等三种方式。春季前期温度低，特别是低地温不利于西葫芦根系生长，要注意采取提高地温的管理措施；后期天气炎热，容易发生病害，应尽量早摘。夏秋茬主要是在夏季不太炎热的高纬度和高寒地区栽培，例如山西晋北一带。秋季栽培，无病区可早播，重病区需晚播。

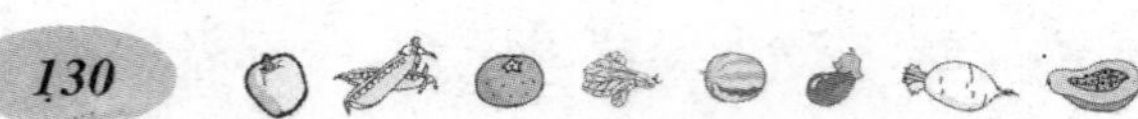

1. 品种选择　春季栽培时要选择抗热、抗病、晚熟、瓜形大、产量高的品种，如长蔓西葫芦等。夏秋茬要选择长势强，抗逆、抗病性能好，耐热，丰产品种，如一窝猴、阿太、灰采尼等。夏秋茬栽培极具发展潜力，需覆盖遮阳网缓解夏季炎热，要选用耐热、抗病的品种，如京葫 1 号、长青 2 号。秋季栽培西葫芦难度较大，一般选用耐涝，抗病性、抗逆性好的中早熟品种，如早青一代、京葫 1 号等。

2. 直播或育苗　春茬栽培可选用育苗移栽和直播两种栽培方式，越夏、夏秋季节和秋季通常采用直播的方法。

（1）播种期的确定。春茬栽培播种期应该在当地最后一次霜冻前 30～40 天为宜，华北地区播种一般在 3 月中下旬，因为西葫芦的苗龄一般在 30～40 天适合定植。遮阳网越夏栽培是在当地最后一次霜冻过后，地温稳定在 10℃以上时播种，6～7月上旬加盖遮阳网。夏秋茬在当地晚霜过后的 5 月中下旬露地直播。

（2）播种。播种前先对种子进行浸种、催芽处理。每亩施入优质农家肥 2 500～3 000 千克，过磷酸钙 50 千克，碳酸氢铵 25～30 千克，按行距 60～70 厘米开沟施用。播种时按株距 40 厘米开穴点播，每穴播种 1～2 粒，每亩 1 500～1 800 株。

（3）播种后管理。播种后立即用塑料膜扣严苗床。春茬播种时外界气温仍然较低，如果遇到寒流侵袭，幼苗可能发生冻害，应严密注意保温防冻，低温期夜间还要加盖草帘保湿。使温度保持在白天 25～30℃，夜间 18～20℃，地温 18～25℃，播种后 3～4 天即可出苗。当幼苗出齐后，适当降温，防止徒长。子叶展开后，降低夜间温度至 10～13℃，促进雌花分化和

培育壮苗。第 1 片真叶展开后，秧苗功能叶面积逐渐增大，光合产物增多，应逐渐提高苗床温度，促进幼苗的充分生长。定植前 10 天，进行幼苗锻炼，逐渐加大通风量，降低苗床温度，使幼苗逐渐适应露地环境，增强幼苗抗逆性。定植前 3~5 天，彻底撤除覆盖材料，使幼苗完全暴露在自然状态。

夏茬和夏秋茬栽培时，当幼苗长到 3~4 片真叶时需要定苗，每穴选留 1 株无病、健壮、无虫害的幼苗，其他的都连根拔起，注意不要伤及其他植株的根系。

3. 生产管理

（1）春季定植。定植要选在晴天上午进行。定植前需先整地施肥，每亩施用充分腐熟的有机肥 5 000 千克，过磷酸钙 50 千克，硫酸钾 20~30 千克，碳酸氢铵 30~50 千克。当地温稳定在 13℃ 时开始定植，夜间最低气温一般不低于 10℃。定植过早或过晚都会影响生产，降低经济效益。矮生早熟品种的种植密度要适当大一些，每亩 2 000~2 200 株，蔓生中晚熟品种的种植密度要相对小一些，每亩 1 200~1 800 株。

（2）田间管理。根瓜膨大前，要注意中耕、浇水和施肥。中耕时切忌伤根，西葫芦的根易木质化，断根后很难恢复。当植物缺水时，叶片会表现出萎蔫下垂现象。当根瓜长到 10 厘米时，每 6 天左右浇 1 次水，每浇 2 次水可施 1 次肥，连续 2~3次，施肥量为每亩 15~20 千克复合肥。

当植株具有 8 片真叶时开始压蔓，也称引蔓。即将西葫芦枝蔓向田间同一方向牵引，把茎压入土中 3~5 厘米，使枝蔓排列有序，便于通风透光。以后每隔 6 节左右再压 1 次蔓，共 2~3 次。压蔓的同时注意及时摘除老叶、病叶、残叶、卷须、

过多的花朵和幼果，减少养分消耗。在自然授粉条件不充足的情况下，进行人工授粉或2，4-D溶液涂抹雌花柱头或花柄，防止落花落果，提高坐果率。

不同品种西葫芦分枝能力不同，矮生早熟品种相对较弱，以主蔓结瓜为主，一般不需要整枝打杈，而蔓生晚熟则分枝较多，主、侧蔓均可结瓜，必须及时整枝。根据种植密度采用单蔓整枝或多蔓整枝，单蔓整枝要及时摘除侧枝，仅留主蔓结瓜，多蔓整枝在主蔓长到5~7片叶时摘心，选择2~3条长势强的侧蔓留下。

此外，夏秋季节病虫害发生严重，覆盖银灰色遮阳网可有效避蚜、防病毒病，且降温效果也好。

4. 采收与包装　参考日光温室冬春茬栽培技术中采收与包装部分内容。

五、绿色西葫芦病害的标准化防治技术

按照“预防为主，综合防治”的植保方针，坚持以“农业防治、物理防治、生物防治为主，化学防治为辅”的无害化控制原则。

（一）床土消毒

配好的床土不可直接使用，还需经过消毒，以减少土壤中的病原物。在配好的床土中，每1 000千克床土加入50%甲基托布津100克，或50%多菌灵100克，或2.5%敌百虫100克。除化学消毒外，还有物理消毒法和太阳能消毒法，详见绿色黄

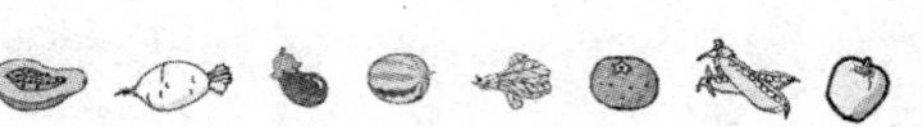

瓜标准化育苗部分。

（二）种子消毒

种子消毒详见绿色黄瓜标准化育苗部分。

（三）综合防治

1. 白粉病　俗称“白毛”，是西葫芦主要病害之一。主要为害西葫芦叶片，严重时为害叶柄和茎蔓。

（1）发病特征。苗期和成株期均能发病，一般先从下部老叶开始，逐渐向上部蔓延。发病初期，叶片正面和背面出现白色近圆形粉状斑点，然后病斑逐渐扩大相互连在一起，形成不规则大病斑。严重时，整个叶片布满白色粉斑，叶片开始变黄、干枯。发病后期，病斑上出现成堆黄褐色小粒点，这是菌丝老熟造成，小粒点逐渐变为黑色。

（2）发病规律。由子囊菌亚门的单丝壳属白粉菌引起，靠气流、雨水和喷雾传播。高温干旱与高湿条件交替出现是白粉病发生严重的主要原因。白粉病在10～25℃均可发生，20～25℃最为适宜。雨后干旱、植株徒长、施肥不足、光照差等因素，都会使白粉病流行速度加快。

（3）综合防治。

①选择抗病品种。西葫芦品种对白粉病的抗性有差异，选择抗病品种可有效减少病害的发生，如早青一代。

②农业防治。合理密植，注意通风透光，加强肥水管理，防止徒长，切忌空气干湿交替出现。

③化学防治。在发病初期及时用75%百菌清可湿性粉剂

600 倍液，或 40%多菌灵加硫黄胶悬剂，或 20%三唑酮乳油 2 000倍液，或农抗 120~150 倍液，或 27%高脂膜乳剂 80~100 倍液，或 40%的敌硫铜可湿性粉剂 800 倍液，或 70%甲基托布津可湿性粉剂 1 000 倍液喷雾。注意药剂要交替使用，防止病菌对单一药剂产生抗性，每 7~10 天喷 1 次，连续 2~3 次。

2. 灰霉病　是西葫芦保护地栽培的一种重要病害，主要为害西葫芦的叶、茎、花和幼瓜。

（1）发病特征。多从残花开始发病，初为水浸状，逐渐软化，出现灰色霉层后，再逐渐扩散到果实。果实脐部先变软腐烂，后瓜条迅速变软，萎缩腐烂，表面密生灰色霉层。感病的花朵掉落到叶片上，引起叶片发病，病菌从叶片边缘侵染，产生边缘明显的大型枯斑，表面有少量霉。叶和茎染病后腐烂，易折断。

（2）发病规律。本品由半知菌亚门的葡萄孢属真菌引起。病菌随病残体遗留在土壤中，待条件适宜时，通过气流、雨水和田间操作传播。高湿、低温、弱光是发病的主要因素。温度为2~31℃均可发病，最适温度为 23℃，气温在 20℃左右，连续湿度在 90%以上时，发病最为严重。

（3）综合防治。

①农业防治。加强田间管理，及时清除上茬病残植株，保持田园清洁。发病初期及时摘除病叶、病花和病果，带出室外深埋或焚烧。在不影响西葫芦生长的条件下，调节室内温湿度，使环境条件不利于孢子囊的萌发和侵染。适时晚通风，早上 9 时关闭通风口，使室内温度迅速升至 34℃，控制病害发生。下午 3 时后，逐渐加大通风量，降低湿度。

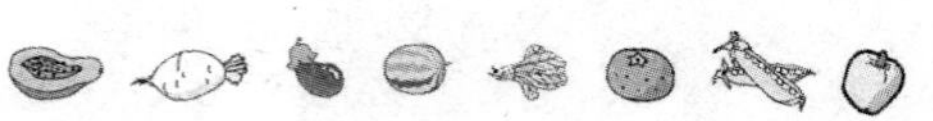

②化学防治。发病初期，尽量减少喷雾，避免增加棚内湿度。可用10%腐霉利烟剂200~250克/亩，或45%百菌清烟剂16.7克/亩，或速克灵烟剂25~300克/亩，熏蒸3~4小时。或于傍晚喷撒5%灭霉灵粉剂，或5%百菌清粉剂，或6.5%甲霉灵粉剂，每亩喷1千克，7~10天喷1次，连续3次。也可用喷雾法防治，常用的药剂及浓度为：50%速克灵1 500倍液，或65%甲霉灵可湿性粉剂1 000倍液，或50%腐霉利可湿性粉剂2 000倍液，或50%异菌脲可湿性粉剂1 000~1 500倍液，或50%多霉灵威可湿性粉剂800倍液，或50%扑海因可湿性粉剂1 000~1 500倍液。每隔5~7天喷1次，连续3~4次。

3. **病毒病** 又称毒素病、花叶病，是全国性病害，严重时可导致绝收。主要为害叶片和果实。

（1）发病特征。病毒病的毒源种类有10多种，其表现症状也有差异。主要有花叶型、皱缩型、黄化坏死型和复合侵染混合型等。花叶型在幼苗具有4~5片真叶时即可发病，植株顶端新叶产生深浅绿色相间的花叶，叶片萎缩，畸形。皱缩型幼苗和成株期均可发生，叶片皱缩呈疱斑，严重时顶叶呈鸡爪状。叶脉坏死型和混合型，植株上部叶片先表现叶脉失绿，沿叶脉产生黄绿色斑点的坏死，茎蔓上产生铁锈色坏死，使植株节间缩短，矮化。受害植株几乎不能结瓜，或瓜小且畸形。

（2）发病规律。由黄瓜花叶病毒或甜瓜花叶病毒侵染引起，蚜虫和种子是该病发生的侵染源。主要以蚜虫为媒介进行传播，高温、干旱、日照强、缺水缺肥、管理粗放、蚜虫严重时，病毒病发生严重。

（3）综合防治。

①种子消毒。从无病株上采收无病种子，并在播种前进行种子消毒。用10%磷酸三钠溶液浸种15分钟，再用清水洗净，催芽。

②农业防治。及时清除田间或温室内杂草，保持田园清洁，搞好虫害防治，切断传播途径。保护地可张挂银灰色反光幕避蚜，露地可覆盖银灰色遮阳网降温驱蚜。同时加强田间管理，增施磷、钾肥，防止高温干旱，培育健壮植株，提高抗病性。发现病株及时拔除，操作时避免传染健壮植株。

③化学防治。未发病前用抗病威600~800倍液，或抗毒剂1号300~400倍液喷雾和灌根。每7~10天喷1次，连续2~3次。发病初期，用1.5%植病灵乳剂1 000倍液，或20%病毒A可湿性粉剂500倍液，或威力克1 000~1 500倍液，或菌毒清合剂（0.25%菌毒清+0.3%磷酸二氢钾+0.2%硫酸锌），每5~7天喷1次，连续3次，可有效控制病情发展。

4. 菌核病

菌核病主要为害果实及茎蔓。

（1）发病特征。苗期和成株期均可发生。茎蔓染病初期，呈水浸状淡绿色腐烂小斑点，随后病斑逐渐扩大，长出白色菌丝，病斑逐渐扩大，病部变褐腐烂，表面长满白色霉状物，而后形成黑色菌核，最后病部以上茎蔓枯死。瓜条得病脐部先出现水浸状病斑、腐烂，随后长出白色棉絮状白霉，最后病部长出灰黑色菌核。

（2）发病规律。由子囊菌亚门核盘孢属真菌引起，其菌核附着在病残体上或潜藏于土壤中越冬，当温度为15~20℃，相对湿度在85%以上时菌核易萌发，产生大量子囊孢子，并

通过雨水、气流、农事操作等传播。低温多雨、连作、栽培密度大、管理粗放、植株长势差等条件，有利于菌核病的发生。

（3）综合防治。

①种子消毒。播种前用55℃的温水烫种10分钟，也可用10%的食盐水漂种2~3次，还可用50%多菌灵进行药剂拌种，均可减少病原，有效防止菌核病的发生。

②农业防治。前茬作物收获后彻底清洁田园，清除周边的杂草，深翻土壤。播种前进行棚室消毒或土壤消毒，播种后加强田间管理，上午以闷棚提温为主，下午及时排湿，防止浇水过量，尽量增加光照，培育健壮植株。

③化学防治。发病初期用50%速克灵可湿性粉剂1 500倍液，或50%扑海因1 000倍液，或40%的菌核净1 000倍液，或65%甲霜灵1 000倍液喷雾，每7天喷1次，连续2~3次。也可在晴天傍晚用1%速克灵烟剂或45%百菌清烟剂进行熏蒸，每亩用药250克，每10天熏蒸1次，连续3次。还可用速克灵或扑海因50倍液涂抹瓜蔓病部，有很好的治愈作用。

5. 炭疽病

（1）发病特征。西葫芦的各个生长时期均能发生，在植株开始衰老的中、后期发生最为严重，可为害植株的叶、茎和果实。幼苗发病时，子叶上先产生圆形或半圆形褐色凹陷病斑，随后幼茎基部出现病斑，缢缩，变色，当病部环切茎蔓一周时，上部随即枯死。叶片感病时，最初出现水浸状圆形或近圆形斑点，外围有一黄色圈，随着病情加重，病斑相互连在一起形成大斑，外围黄色圈变为紫黑色，干燥时病斑中部破裂形成穿孔，叶片干枯提前脱落。瓜条发病初期，出现暗绿色油状

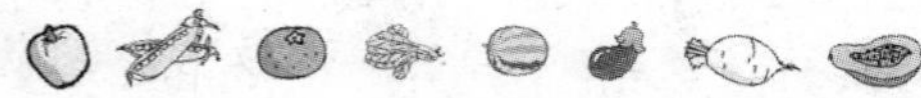

斑点，后逐渐扩大，凹陷，变色，当空气潮湿时，产生粉红色分生孢子。

（2）发病规律。由真菌中的半知菌刺盘孢菌引起。其菌丝体及拟菌核随病残体在土壤中或附着在种皮上越冬，当温度在6~32℃、相对空气湿度在54%以上时，病菌开始发育，通过雨水、气流和农事操作进行传播。温度在22~27℃，相对空气湿度在85%~95%时，发病最为严重。

（3）综合防治。

①种子消毒。用55℃温水烫种15分钟，或用福尔马林100倍液浸种30分钟，或用冰醋酸100倍液浸种30分钟。

②农业防治。合理浇水，及时排湿，增施磷、钾肥，提高植株抗性，初见病株及时拔除，带到室外深埋或焚烧。

③化学防治。发病初期可用80%炭疽福美双可湿性粉剂800倍液，或70%代森锰锌可湿性粉剂400倍液，或50%扑海因可湿性粉剂1 000~1 500倍液，或70%甲基托布津可湿性粉剂500倍兑80%福美双500倍混合液，或2%农抗120水剂200倍液交替喷洒，每7天喷1次，连续2~3次。

6. 霜霉病

（1）发病特征。主要为害西葫芦幼苗和功能叶。幼苗感病初期，子叶正面出现少量褪绿色黄斑，随着病情发展，正面斑点逐渐扩大变成黄褐色，背面产生灰黑色菌层，并表现出干枯、卷缩症状。成株感病初期，叶背先产生浅绿色水渍状斑点，逐渐转变成浅黄、黄色。由于受到叶脉突起的限制，斑点呈多角形。在潮湿环境下，病菌的孢子囊和孢子囊梗迅速繁殖，长出紫黑色霉层。病斑随之扩大，连在一起，使叶片从叶

缘处向上卷曲，枯黄。病菌从下部叶逐渐向上蔓延，严重时全株感病变枯。

（2）发病规律。霜霉病是由真菌侵染引起的，主要靠气流传播，从气孔侵入，为害叶片。高湿是引起发病的主要原因。当叶面上有水滴或水膜存在，温度在15~25℃时，病原菌开始萌发和侵入。病斑形成后，空气湿度在85%以上，只需4小时就能产生大量孢子囊，而当湿度低于60%时孢子囊不能萌发。病菌侵入叶片的温度范围是10~25℃，温度低于15℃或高于30℃时发病受到抑制。

（3）综合防治。

①农业防治。选用抗病品种，培育壮苗，使用地膜覆盖栽培，加强通风，降低空气相对湿度。在霜霉病发病初期，进行“高温闷棚”；即选择晴天，密闭薄膜，使室内温度上升到40~43℃（以瓜秧顶端为准），维持1小时，处理后及时缓慢降温。处理前土壤要求潮湿，必要时可在前2天灌1次水，处理后，结合进行药剂防治。

②化学防治。一是药剂熏蒸，傍晚闭棚后，用45%百菌清烟剂进行熏蒸，每亩用200~250克药剂，每周1次，连续7~8次。二是药剂喷雾，75%百菌清可湿性粉剂600~800倍液，或58%甲霜灵可湿性粉剂500倍液，或30%角霜灵（乙膦铝）200~250倍液与50%福美双500倍混合液，或25%甲霜灵可湿性粉剂800~1 000倍液，或72.2%普力克水剂800倍液，或50%甲霜铜可湿性粉剂600~700倍液，或64%恶霜灵加代森锰锌可湿性粉剂600倍液，或70%代森锰锌可湿性粉剂500倍液等。每亩喷药液60~70升，每隔7~10天喷1次，连

续3~4次。

7. 银叶病　使植株叶绿素含量降低，严重阻碍光合作用，为害西葫芦茎、叶、花和果实。

（1）发病特征。被害植株生长势弱，株型偏矮，叶片下垂，生长点叶片皱缩，呈半停滞状态，茎部上端节间短缩；茎及幼叶和功能叶叶柄褪绿，叶片叶绿素含量降低，严重阻碍光合作用；叶片初期表现为沿叶脉变为银色或亮白色，以后全叶变为银色，在阳光照耀下闪闪发光，似银镜，故名银叶反应，但叶背面叶色正常，常见有白粉虱成虫或若虫。3~4片叶为敏感期。幼瓜及花器柄部、花萼变白，半成品瓜、商品瓜也白化，呈乳白色或白绿相间，丧失商品价值。

（2）发病机制。目前，对西葫芦银叶病的发病机制有3种看法。其中公认的看法是B型烟粉虱为害引起的，其唾液的有害分泌物通过内吸传导，使得以后长出的新叶表现为银叶，而有虫叶并不一定有症状表现。银叶粉虱虫口密度越大，若虫比例越大，银叶症状的表现越重。对此，发病时喷施防治病毒性的药物有一定作用。另一种看法是由高温强光引起的生理性病害，其表现为同一植株相邻的2片叶片，在上面直接受光的叶片发病，而下面的叶片因不直接见光就不发病；同一叶片经常受光的部分发病，而被遮阴的部分则不发病；光照越强银叶症状的表现越重。还有人认为是由氮肥施用过多引起的生理性病害。据报道氮肥过多、高温、强光及湿度低造成南瓜的银叶病，而西葫芦和南瓜为同一属，病害基本相同，由此估计西葫芦银叶病也是这种原因造成的。

（3）综合防治。

①种子消毒。用55℃的温水浸种15~30分钟，或用10%的磷酸三钠浸泡20~30分钟，或用1%的高锰酸钾浸泡10~15分钟，或将干燥种子放在75℃恒温箱中，处理72小时。

②农业防治。避免连作，施足有机肥，增施磷、钾肥，控制氮肥，促进植株健壮。移植时选择无病壮苗，少伤根，促进缓苗。高温干旱期适当小水勤浇，保持田间湿润，浇水后及时通风，光照太强时利用遮阳网遮阳，分期增施磷、钾肥。田间操作时，经常用肥皂水洗手，减少汁液传播。

③化学防治。发病前，对植株喷施钝化物质（用清水稀释100倍的豆浆、牛奶等高蛋白物质）、保护物质（高脂膜的200~500倍液）或增抗物质（83增抗剂），每7~10天喷1次，连续3~5次。在银叶病表现初期，用20~30毫克/千克赤霉素+500倍细胞分裂素+5 000倍双效活力素混合液防治，或在叶面喷洒1.8%爱多收6 000倍液与螯合态多元复合微肥700倍液的混合液，调节植株生长，每7天喷1次，连续2~3次。控制病情的同时，注意防治烟粉虱和蚜虫，减少传毒媒介。在施用1%阿维菌素乳油2 000倍液、70%吡虫啉水分散粒剂5 000倍液等杀虫剂时，最好加芸苔素内酯、吗啉胍·乙酮（病毒A）和低聚糖素等。

六、绿色西葫芦虫害的标准化防治技术

（一）农业防治

保持田园清洁，收获后及时清除田间的残枝败叶及杂草，

深埋或烧掉。深秋或初冬，深翻土地，将土壤内潜藏病虫暴露于地表，使其被冻死、风干或被天敌啄食、寄生等。培育无虫壮苗，增强植株抗性。调节适宜温度，避免低温和高温伤害。科学施肥，平衡施肥，增施腐熟的有机肥。

（二）物理防治

利用白粉虱、蚜虫、潜叶蝇等成虫对黄色有强烈趋性的特点，在保护地内设置黄板进行诱杀；利用蝼蛄、地老虎、蛴螬等趋光性，可在晚上设置黑光灯或频振式杀虫灯进行灯光诱杀；也可用银灰色薄膜或银色遮阳网驱避蚜虫。

（三）生物防治

通过在保护地中释放害虫天敌进行防治。例如，释放丽蚜小蜂防治温室白粉虱和烟粉虱，潜蝇茧蜂、绿姬小蜂、双雕姬小蜂等防治美洲斑潜蝇，蜘蛛、赤眼蜂等控制斜纹夜蛾为害。

（四）化学防治

结合农业防治、物理防治和生物防治，用化学药剂进行辅助防治，其用药要准确，浓度要适当，防治要早，注意轮换、交替用药，严格掌握药量及用药时期，达到绿色西葫芦生产农药使用要求。

（五）综合防治

1. 蚜虫 又称腻虫、油汗、油虫、蜜虫等，是为害蔬菜最普遍、最严重的一种害虫。

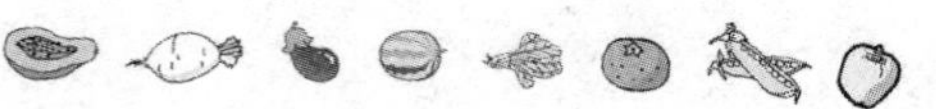

（1）为害症状：以成蚜或若蚜群集在叶背面和嫩茎上吸取汁液，破坏细胞平衡，使叶片向背面卷曲皱缩，受害部位出现褪色小点，生长点停止生长，严重时植株枯死。同时蚜虫排出大量水分和蜜露，滴落在下部叶片上，造成煤污病和霉菌的发生，影响光合作用。此外还传播病毒病，导致西葫芦病毒病发生，造成更大的经济损失。

（2）发生规律：其卵附着在寄主上越冬，或设施蔬菜上繁衍生殖，辗转为害。当平均气温在23~27℃，相对湿度在75%~85%时，为害最重。干旱或植株密度过大有利于蚜虫为害。

（3）防治措施：

①农业防治。清洁田园，深埋或烧毁残株落叶，早春喷施除草剂灭除田间地边杂草，减少虫源。苗期采取各种措施，培育无虫苗。

②物理防治。悬挂黄色黏虫板进行诱杀，或张挂银膜驱避蚜虫。

③生物防治。人工引入蚜虫蜂、食蚜蝇、草蛉、瓢虫等天敌捕杀蚜虫。为防止瓢虫迁飞，可将瓢虫的后翅剪除1/3或划破。

④化学防治。一是药剂熏蒸，傍晚密闭棚室，每亩用350克22%敌敌畏烟剂，或杀瓜蚜烟剂1号，或熏蚜颗粒剂2号，分散4~5堆，暗火点燃，熏蒸3小时以上。二是喷雾，蚜虫发生初期，用灭杀毙6 000倍液，或20%灭扫利乳油2 000倍液，或25%顺式氯氰菊酯乳油3 000倍液，或2.5%功夫乳油4 000倍液，或40%乐果乳剂，或50%辛硫磷乳油2 000倍液，喷雾灭杀。每周喷1次，连续2~3次，喷洒时尽量对准叶背，将药液喷到虫体上。

2. 美洲斑潜蝇　俗称“小白龙”，是检疫性病害，其传播快，发生普遍，为害严重。

（1）为害特征。成虫将卵产在幼叶叶缘组织中，孵化后其幼虫以蚕食叶肉为主，叶片受害处呈弯曲蛇形，仅剩上下表皮。成虫的取食也会影响光合作用和营养物质的输导，同时传播病毒。

（2）发生规律。温度是此虫害发生的主要因素，当温度在20~30℃时，生长发育迅速；当温度超过30℃时，开始死亡。5~10月是为害盛期，其中以夏秋季为害最重。

（3）防治措施。

①农业防治。加强检疫，严禁从疫区引种；将前茬病残体掩埋、堆沤，培育无虫幼苗，在定植和播种前对棚室进行熏蒸消毒；合理安排茬口，根据美洲斑潜蝇的食性，种植韭菜、甘蓝、菠菜等非寄主植物或非喜食性植物；深耕20厘米以上或灌水浸泡也能消灭蝇蛹；及时摘除被害组织。

②物理防治。利用黄板诱杀或高温闷棚。黄板诱杀同蚜虫。闷棚前1天浇透水，翌日闭棚升温，温度保持在45℃，2小时后通风降温，防治效果达95%以上。

③生物防治。在棚室内释放潜蝇姬小蜂、瓜颚茧蜂、潜蝇茧蜂等天敌，均寄生幼虫。此外，小花蝽、蓟马等幼虫寄生率也较高。

④化学防治。选择在初龄幼虫、成虫高峰期和卵孵化盛期，尽可能使用无污染或污染少的农药。例如，用植物性农药6%绿浪水剂1 000倍液，或抗生素农药1.8%爱福丁，或1.8%虫螨克乳油2 000~3 000倍液，或10%氯氰菊酯2 000~

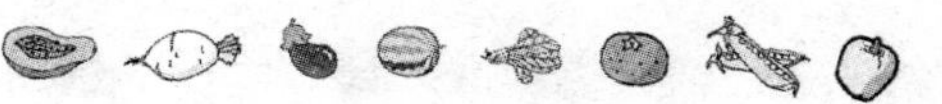

3 000倍液，或48%乐斯本乳油1 000倍液，或40%敌敌畏乳油1 000~1 500倍液，或18%杀虫双水剂300倍液，或5%氟虫脲乳油1 000~2 000倍液，或98%巴丹可溶性粉剂1 500倍液，或20%康复多浓可溶剂2 000倍液，或25%顺式氯氰菊酯乳油3 000倍液喷雾。

3. 白粉虱 俗称小白蛾，是北方地区温室和露地黄瓜常见病害，并有扩大蔓延趋势。

（1）为害症状。其成虫和若虫常群居于幼叶叶背，刺吸汁液，阻止叶片生长，影响植株光合作用，严重时植株萎蔫，死亡。同时，还分泌大量蜜露，堵塞叶片气孔，引起煤污病的发生。此外，白粉虱还可传播病毒病，降低瓜条的商品价值，减少西葫芦产量。

（2）发生规律。北方冬季，白粉虱靠日光温室或加温温室的植物越冬，翌年春季通过菜苗移栽或随气流传播到露地菜田，秋季发生量达到最大，不良气候对其无明显影响，恶性循环，周年发生。开始为害时，多呈点片发生。

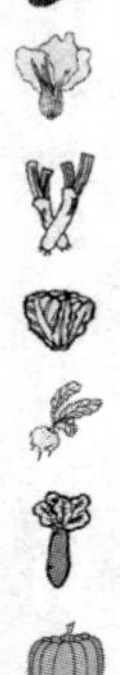

（3）防治措施。

①农业防治。彻底清除前茬作物枯枝、残叶、杂草，清洁棚室；培育无虫、无卵秧苗；合理轮作，前茬种植非白粉虱喜食的作物，如芹菜、蒜黄、菠菜、韭菜等。

②生物防治。白粉虱大量发生前人工繁殖释放丽蚜小蜂，它能将卵产在白粉虱的卵和若虫体内，使之死亡。当白粉虱成虫没有大量发生时，每隔2周放1次，共放3次，可有效控制白粉虱为害。此外，中华草蛉、粉虱座壳孢菌等均为白粉虱的有力天敌。

③物理防治。温室白粉虱对黄色有强烈趋性，可在温室内悬挂黄色黏虫板诱杀。当白粉虱粘满板面时，更换新的黄板或重涂黏油，每隔7~10天涂1次。

④化学防治。一是药剂熏蒸：在晴天傍晚，用22%敌敌畏烟剂与百菌清烟熏剂混匀，用暗火点燃，密闭棚室熏蒸，翌日清晨通风，每亩用0.5千克。或用80%敌敌畏乳油0.5千克，喷洒到锯末、稻草或秸秆上，点燃熏蒸。二是药剂喷雾：在白粉虱发生早期，可用10%扑虱灵乳油1 000倍液，或2.5%顺式氯氰菊酯乳油、50%辛硫磷乳油、40%乐果乳油1 000~2 000倍液，或20%速螨酮可湿性粉剂2 000倍液，或20%螨克乳油2 000倍液，或10%吡虫啉可湿性粉剂1 000~1 500倍液，或25%灭螨猛乳油1 000倍液，对白粉虱成虫、卵和若虫均有效，喷药最好在早晨进行，先喷叶片正面再喷叶片背面，使惊飞的白粉虱落到叶面触药而死。

七、西葫芦的生理障碍

（一）西葫芦化瓜

1. 症状　叶片变浅，叶肉变薄，幼果部分褪绿变黄，变细变软，果实不膨大或膨大很少，表面失去光泽，先端萎缩，不能形成商品瓜，最终烂掉或脱落。

2. 原因　花芽分化期的温度不适宜，营养不良导致花芽分化先天不足；开花坐果期植株营养生长过旺或雌花开放过多，造成花器官发育时营养不良；错过授粉期等。

3. 防治措施　首先是培育壮苗，为花芽分化提供良好的营养基础；合理进行水肥管理，协调植株营养生长和生殖生长之间的关系；开花期注意温度管理和植株调整，促进花芽分化，保证授粉质量，自然授粉条件不足时进行人工辅助授粉或用激素处理；坐瓜位置适宜，及时采收商品瓜。

（二）西葫芦花打顶

1. 症状　植株茎尖部生长点受阻，龙头不伸展，节间越来越短，附近茎端密生小瓜纽或小叶片，不再有新的幼叶产生。同时，开放大量雌花，形成花簇，有自封顶的生长趋势。

2. 原因　一是低温、浇水不当、营养不良和根系发育差等因素，使黄瓜叶片白天制造的养分不能正常运输到新生部位，从而造成营养生长速度慢于生殖生长。西葫芦生长发育适宜温度为18~25℃，在15℃时发育不良，11℃以下停止生长；根系发育不良或移植时造成根系机械损伤；施肥过多，农药用量过大等，都会导致西葫芦生长发育失调，引发雌花抱顶，产生花打顶现象。二是蹲苗过头，定植后浇水过少，土壤盐浓度大，影响根系吸收营养等不利于根系生长的因素，也可诱发花打顶。

3. 防治措施　低温期确保温度，特别是使夜温在15℃以上，可以加盖草帘或搭建小拱棚；移栽时注意不伤根，追肥适量，避免烧根；不可蹲苗时间过长，土壤不要过干；适量浇水，不可控水过度；不用或少用带有激素类药物；适当摘除雌花及大小瓜纽，促进植株生长；花打顶初期，适量浇水，并随水追施一些速效氮肥，促进叶片的生长。

（三）西葫芦畸形瓜

1. 症状 西葫芦畸形瓜指弯曲瓜、尖嘴瓜、大肚瓜和蜂腰瓜。

2. 原因 有机械畸形和生理畸形两种因素。前者主要指，由于支架或绑蔓技术不良，使瓜条在伸长时受到叶柄或茎蔓的约束，不能正常下垂而形成的弯曲瓜。后者包括，日照不足，水肥不充分，植株老化形成的弯曲瓜；由授粉或高温干燥引起的尖嘴瓜；温度过高，植株生长衰弱，多条瓜竞争养分引起的细腰瓜；以及养分供不应求，瓜条种子膨大不良引起的大肚瓜。

3. 防治措施 绑蔓和缠蔓时稍加注意，避免缠入叶柄；加强水肥管理，增施腐熟有机肥，适时中耕，延缓植株衰老，结瓜盛期，注意浇水与施肥比例；防止白天持续高温（30℃以上），空气湿度适中；人工辅助授粉，提高授粉质量；及时摘除老叶、病叶、卷曲和畸形瓜增大透光量，减少营养损耗。

（四）西葫芦只开花不结果

1. 症状 只见开花，不见结果。

2. 原因 由以下3种生理障碍造成：一是氮肥施用过多，西葫芦枝繁叶茂，隐蔽严重，通风透光效果差；二是温度偏高或偏低，不利于坐果；三是棚室内水分条件不当等，造成花粉和柱头生命活力受到较大抑制。

3. 防治措施 晴天下午喷洒海力等营养液，调节植株长势，使植株以营养生长为主转变为以生殖生长为主；适当控制棚室环境，上半夜16~18℃，下半夜为12~15℃，早上棚内的

温度不要超过15℃，不要低于10℃，避免生长过旺；开花期实施人工授粉或用激素处理雌花，每天9~10时，摘取雄花，去其花冠，将花药轻轻涂在雌蕊的柱头上，也可用2，4-D溶液蘸花，或番茄灵喷花。

八、绿色西葫芦的标准化制种技术

（一）原种生产

原种生产田自然隔离距离在1 500米以上，有障碍物时与其他西葫芦栽培田至少相距1 000米。

原种生产可用“单株自交”法生产。一般采用“自交混繁法”2年两圃生产原种。

1. 自交，选择单瓜留种　在原种生产田中选择性状一致、生长健壮植株30株做标记。在第2~4朵雌花开放的前1天套袋或夹子夹住花冠，第2天清晨采下当天开放的雄花，将雄花除去花瓣，将雄蕊上的花粉均匀涂抹到柱头上，授粉后仍然套纸帽、做标记。每株选留1~2个优良种瓜，种瓜成熟时，根据种瓜条品质、性状、特征和种株的病害情况，剔除发育缓慢、坐果率低、病虫害严重、抗逆性差的单株，选留20个瓜作室内鉴定，选留8~10个优良健康的种瓜采种，把种子分别风干保存，作为原种。

2. 分单瓜播种，混合繁殖　自交单瓜系圃将当选的自交单瓜种子，按编号分别种植单瓜系圃，进行分系比较，每个单瓜系种一畦。单瓜系间留一定距离，便于观察记载和田间检

验。西葫芦生长发育过程中，要不断去杂去劣，根据植株的叶形、叶色、长势等，3~4 叶期第 1 次去杂，6~9 叶雌花显露时第 2 次去杂，拔除杂株，摘掉杂瓜。瓜熟后，把当选系混系收瓜，扒瓤取子，晒干留种。

（二）一代杂种生产

制种田自然隔离距离在 1 000 米以上。父母本行比为 1∶(8~10)，为了增加雄花数量，父本应提前 7 天左右播种，并适当增加父本的种植密度，完成授粉任务后，父本应提前拔除，不准当作采收商品瓜生产。

制种母本选择第 2 ~ 3 雌花杂交留种。在开花前 1 天下午把将要开花的母本上的雌花，父本上的雄花套袋或夹住花冠，翌日清晨进行授粉。授粉之后，雌花的花冠要夹好或扣帽，并做好标记，便于采收时辨别，每单株留 1~2 个果。

一般在授粉后 35 天，果实开始变黄、变硬时可以采收。摘除自交果实，只保留做授粉标记的果实。采收后放在阴凉处，经过 1~2 周的后熟作用即可采种。采种时将果实纵切，将瓜瓤和种子取出，放在缸内发酵，缸口用薄膜覆盖，防止漏雨引起发芽，发酵后用清水冲洗、晒干、精选，除去杂质和不饱满的种子，种子净度达到 99% 以上，水分降到 8% 以下时包装封存。

九、绿色西葫芦的标准化贮藏与保鲜

发展流通对生产至关重要，可促进农业增效、农民增收。

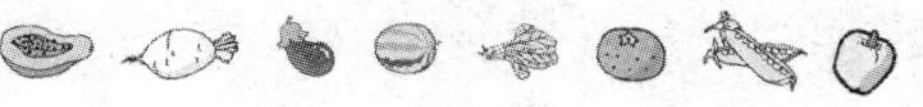

西葫芦采收、包装、分级、贮藏和运输及深加工是西葫芦标准化生产的延续，也是生产和消费的重要环节。只有按西葫芦发育程度及时而无损采收、分级，然后采用良好的包装，安全的运输，优质的贮藏保鲜和西葫芦的深加工，才能大幅度提升西葫芦的附加值，扩大和延伸西葫芦的产业链条，从而，为国内市场提供优质安全的瓜菜产品，达到西葫芦标准化生产目标。

（一）西葫芦的采收与包装

1. 采收 西葫芦果实采收应根据嫩瓜大小、单株坐瓜数及植株长势而定，根瓜一般在开花后 10~14 天、单重 250 克左右时即可采收。这样，上部幼瓜生长速度快，瓜的个头大，必须掌握以采收嫩瓜为主。单株坐瓜少时可适当晚采 1~3 天，以抑制营养生长，防止跑秧；植株长势弱、单株坐瓜多时要提早采收，以促进营养生长，防止化瓜。

正常的西葫芦植株在根瓜采收后主蔓上应有 2~3 个幼瓜和 1~2 个正在开放的雌花，开放的雌花前有 2~4 片展开叶，植株长势一般。如果植株长势太弱或坐瓜太多时要疏去部分幼瓜。通过控制采收强度平衡植株营养生长与生殖生长，使瓜田植株长势整齐一致。

2. 分级与包装 西葫芦的采收、分级及包装在早晨低温高湿时进行。采收后按大小进行分级，分级预冷后用包装纸包裹整个瓜体，整齐码入衬有塑料薄膜的包装箱内。每箱净重以 10~15 千克为宜，最多不超过 20 千克。就近销售的也可用竹筐包装。

西葫芦果皮脆嫩，在整个过程中应轻拿轻放，防止挤伤、

压伤、碰伤。贮藏及运输期温度以8~12℃为宜。

西葫芦的等级标准见表3-5。

西葫芦分级的依据是具有本品种的基本特征，无畸形，无严重损伤，无腐烂，具有品质价值。

表3-5　西葫芦的等级标准

品质 级别	果形	伤痕	瓜皮	瓜柄	直弯	瓜成熟度
一级标准	果形直，端正，粗细均匀，有绒毛	无疤点	质嫩，果皮光滑且亮	瓜柄长1~2厘米	直	质嫩
二级标准	果形端正或较端正	弯曲度0.5~1厘米，粗细均匀	果上可有1~2处微疤点	瓜柄长1~2厘米	弯曲度0.5~1厘米，粗细均匀	质嫩
三级标准	果形允许不够端正	允许弯曲	果上可有少量干疤点	瓜柄长1~2厘米或稍长	允许弯曲	果尚嫩

大小规格	大	中	小
青皮类型	500~600克	400~500克	300~400克
黄皮类型	400~500克	300~400克	200~300克

（二）西葫芦的贮藏与运输

任何蔬菜或是水果的贮藏都与其生理特征息息相关。西葫

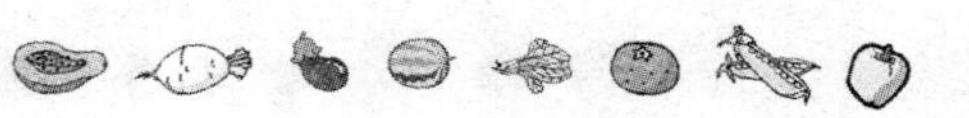

芦在瓜菜类适应性最强，很多早熟品种生长快，结果早，在北方一般为露地和保护地栽培，是最早上市的蔬菜之一。西葫芦不耐高温，对低温的抵抗能力比较强，所以，就为西葫芦的贮藏与运输提供了以下方法。

1. **窖藏** 宜选用主蔓上第2条瓜，根瓜不宜贮藏。生长期间，最好避免西葫芦直接着地，并要防止暴晒。采收时，谨防机械损伤，特别要禁止滚动、抛掷。西葫芦采收后，宜在24~27℃条件下放置2周，使瓜皮硬化，这对成熟度较差的西葫芦尤为重要。

2. **堆藏** 在空室内地面上铺好麦草，将老熟瓜的瓜蒂向外、瓜顶向内依次码成圆锥形，每堆15~25条瓜，以5~6层为宜，也可装筐贮藏，筐内不要装得太满，瓜筐堆放以3~4层为宜。堆码时应留出通道。贮藏前期气温较高，晚上应开窗通风，白天关闭遮阳。气温低时关闭门窗，温度保持在0℃以上。

3. **架藏** 在空屋内，用竹、木或钢筋做成分层的贮藏架，架底垫上草袋，将瓜堆在架子上，或用板条箱垫一层麦秸作为容器。此法透风散热效果比堆藏好，贮藏容量大，便于检查，其他管理办法同堆藏法。

4. **嫩瓜贮藏** 应贮藏在温度5~10℃及相对湿度95%的环境条件下，采收、分级、包装、运输时应轻拿轻放，不要损伤瓜皮，按级别用软纸逐个包装，放在筐内或纸箱内贮藏。临时贮存时，要尽量放在阴凉通风处，有条件的可贮存在适宜温度和湿度的冷库内。在冬季长途运输时，还要用棉被和塑料布密封覆盖，以防冻伤。一般可贮藏2周。

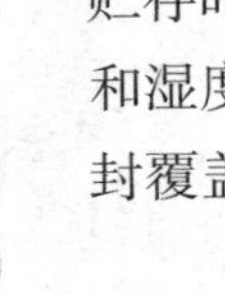